机械制图学案

JIESIE ZHITU XUEAN

主　编　陈俊英　张　玲
副主编　黄卫珍　黄大高

重庆大学出版社

图书在版编目(CIP)数据

机械制图学案/陈俊英,张玲主编.--重庆:重庆大学出版社,2020.6

ISBN 978-7-5689-1662-2

Ⅰ.①机… Ⅱ.①陈… ②张… Ⅲ.①机械制图—中等专业学校—教学参考资料 Ⅳ.①TH126

中国版本图书馆 CIP 数据核字(2019)第 142380 号

机械制图学案

主　编　陈俊英　张　玲

副主编　黄卫珍　黄大高

责任编辑:陈一柳　版式设计:陈淑芳

责任校对:邬小梅　责任印制:赵　晟

*

重庆大学出版社出版发行

出版人:饶帮华

社址:重庆市沙坪坝区大学城西路 21 号

邮编:401331

电话:(023)88617190　88617185(中小学)

传真:(023)88617186　88617166

网址:http://www.cqup.com.cn

邮箱:fxk@cqup.com.cn(营销中心)

全国新华书店经销

重庆升光电力印务有限公司印刷

*

开本:787mm×1092mm　1/16　印张:9.25　字数:244 千

2020 年 6 月第 1 版　2020 年 6 月第 1 次印刷

ISBN 978-7-5689-1662-2　定价:28.00 元

前　言

为帮助职业学校师生顺利开展有效的“教与学”活动，我们编写了本学案。本书的编写关注学生的认知规律，注重学生对知识的理解、掌握和灵活运用。

本书结合中职学校机械制图课程标准的要求，将教学内容分解为“模块→任务”，每个任务包含“学习目标”“学习过程”“学习反馈”“课后兴趣作业”4 个栏目。

“学习目标”明晰了对本任务学习的具体要求，让学生在学习过程中目的明确，任务清晰。

“学习过程”是本书的亮点与特色所在，包括复习知识、预习导学、任务训练三大板块。

“学习反馈”让学生通过写出学习存在的问题，认识本任务学习的要求。

“课后兴趣作业”能帮助学生掌握本任务要求掌握的基础知识，还能帮助学有余力的学生学习更深层次的知识，提升学生的综合能力。

本书由陈俊英、张玲担任主编，黄卫珍、黄大高担任副主编。其中，张玲负责编写模块二和审稿，陈俊英负责编写模块一、模块三，黄卫珍负责编写答案，黄大高负责审核。虽然本书经反复的审核和修改，但疏漏在所难免，期盼广大师生提出批评与建议，以便我们不断改进与完善。

编　者

2019 年 8 月

目　录

模块一

任务1　认识机械制图

【学习目标】

1.了解机械制图的地位、作用和组成内容。

2.明确学习制图的目的和方法。

3.能正确使用基本绘图工具。

4.通过学习，让学生明确如何使自己成为合格的技术人才。

【学习过程】

一、学什么

1.工程图样是____的图。

2.机械图样是指机械设备在________、________、________、________等过程中所用的工程图样。

3.工程图样是________、________、________的依据。

4.图样是工程技术人员交流技术思想的重要工具，被誉为“________”。

二、为什么学

机械制图课的主要任务是培养学生________、________、________的想象能力，以满足后续的专业课学习及今后从事工程技术工作的需要。

三、怎样学

1.建立空间想象力，坚持________这样一个反复提高的认识过程。

2.________________________相结合。

3.遵循两个规则：一是________的投影作图，二是________的制图标准。

四、绘图工具的使用

1.列举几种常用绘图工具。

2.量一量如下图所示长方形的长和宽,并在右边画一个长为40 mm、宽为30 mm的长方形。

3.图纸幅面是指图纸宽度与长度组成的图面,国标规定的图纸基本幅面有________种,即________、________、________、________、________。其中A4的大小为______________。

【学习反馈】

1.请写下你对本堂课的学习疑问。

2.通过本堂课的学习你掌握了哪些知识？哪些方面还需改进？

【课后兴趣作业】

1.写一写你对机械制图的认识。

2.将一张0号图纸裁成若干张4号图纸。

任务2　学习机械制图国家标准

【学习目标】

1.能描述国家标准中关于图幅格式、比例、字体、图线的规定。

2.学会图框、标题栏和图线的画法。

【学习过程】

一、复习知识

1.机械图样是________、________、________机械设备的技术文件,是机械工程界的共同语言。

2.图纸幅面代号有________、________、________、________、________五种,其中A0的幅面尺寸为__________。

二、预习导学

1.图纸幅面的格式分为__________________和__________________两种,同一产品所有图样均采用__________________格式。图框线用__________________线绘制。

2.图纸的标题栏放在图框的________,标题栏的外框是________,右边和底边与图框线重合,标题栏框内的图线用________绘制,标题栏中的文字方向为________。

3.比例是指______________与其______________相应要素的______________之比。

4.比例的种类有________、________、________三种。

5.比例一般注写在________。

6.字号是指________在同一图样中,只允许选用________种型式的字体。

7.机械图样中的常用的线型有____。

8.可见轮廓线用________绘制,不可见轮廓线用________绘制,尺寸线、尺寸界线用________绘制,中心线、轴线用________绘制。

A.粗实线　　B.细实线　　C.细点画线　　D.细虚线

三、任务训练

1.在A4图纸上绘制横向留装订边的图框、标题栏。

2.用1∶2比例绘制右图。

3.在下图的椭圆框里填上线型的名称,并说一说各有什么用途?

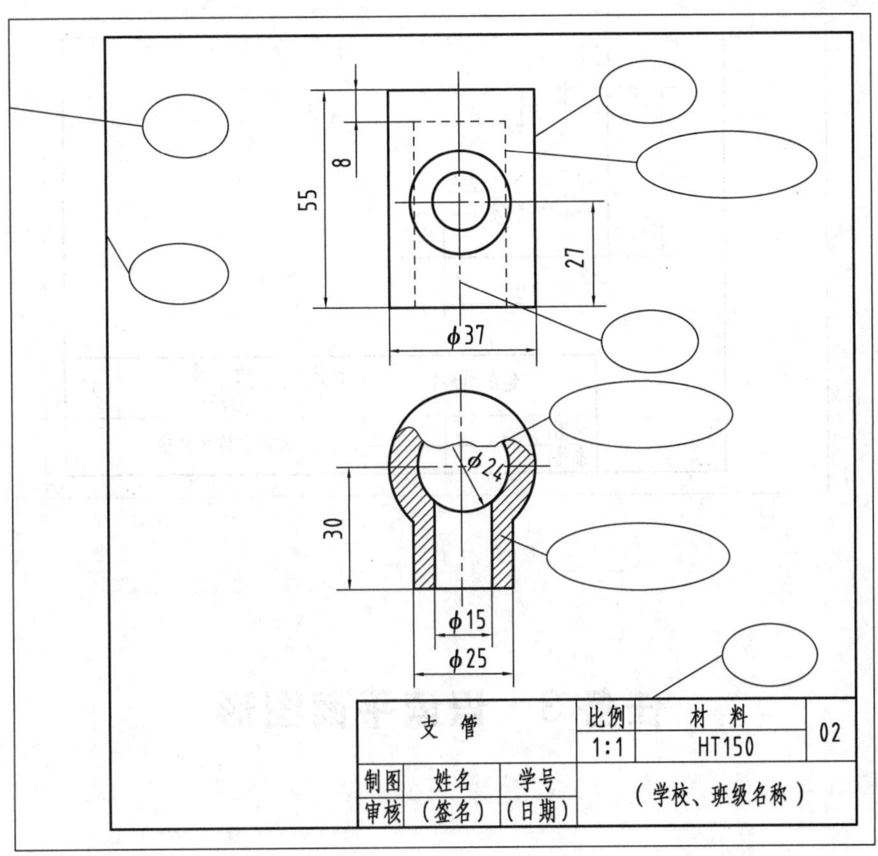

【学习反馈】

1.请写下你对本堂课产生的学习疑问及你的课堂提问。

2.通过本堂课的学习你掌握了哪些知识？哪些方面还需改进？

【课后兴趣作业】

采用 2∶1 的比例在任务训练 1 的图纸中抄画下图(不标注尺寸)。

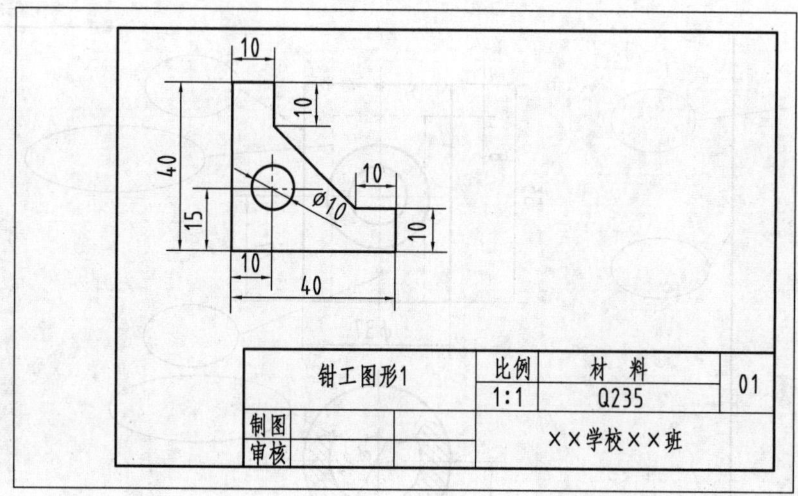

任务3 识读平面图形

【学习目标】

1.能描述尺寸标注的三要素和尺寸标注的基本规则。

2.理解国家标准对尺寸标注的一些画法要求和常用尺寸的注法。

3.能正确标注和识读简单几何图形的尺寸。

【学习过程】

一、复习知识

1.在机械图样中,国家标准规定了________种基本线型,可见轮廓线用________,尺寸线、尺寸界线用________。

2.画圆形时,必须画出两条互相垂直的________线来表示对称中心线,且线段的交点应为圆心。

3.比例是指图样中________与________的________之比。

二、预习导学

1.图形只能确定物体的形状,而其大小由________决定。

2.机件上的真实大小应该以图样上标的________为依据,与图形的大小及绘图的准确度无关。图样中的尺寸以________为单位时不需标注计量单位的代号和名称。机件的每一尺寸,一般只标注________,并应标注在反映该结构________________上。

3.一个标注完整的尺寸,应包括__________、__________、__________、__________。

4.关于尺寸标注,错误的是(　　)。

A.尺寸界线用细实线绘制

B.标注线型尺寸时,尺寸线必须与所标注的线段平行

C.尺寸线可用其他图线代替

D.尺寸界线可用其他图线代替

5.尺寸界线一般应超出尺寸线(　　)。

A.1~2 mm　　B.3~4 mm　　C.5~6 mm　　D.7~8 mm

6.整圆或大于半圆标注________(直径或者半径),半圆或小于半圆的圆弧标注________尺寸(直径或者半径)。

7.角度尺寸界线沿________引出。角度尺寸线应画成________,其圆心是该角的顶点,角度尺寸数字应用________________书写。

8.在下表中填写常见的符号或缩写词。

名称	符号或缩写词	名称	符号或缩写词
直径		45°倒角	
半径		深度	
球直径		厚度	
球半径		均布	

三、任务训练

1.检查左图中的尺寸标注,如有错误,请在右图上进行正确的标注。

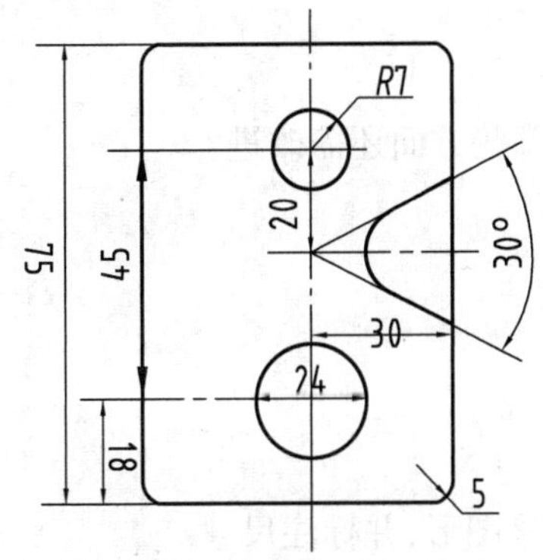

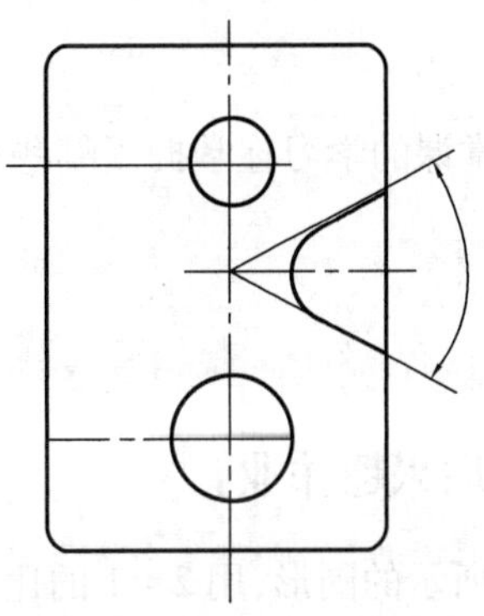

2.标注下列平面图形的尺寸(尺寸数值从图中量取,取整数)。

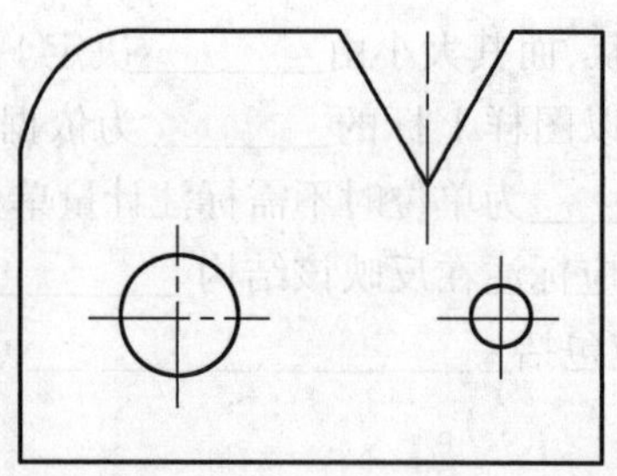

3.(小组合作)识读钳工图形(2)的尺寸并在 A4 图纸上用 2∶1 的比例合作绘制一张钳工图形(2)的图样。

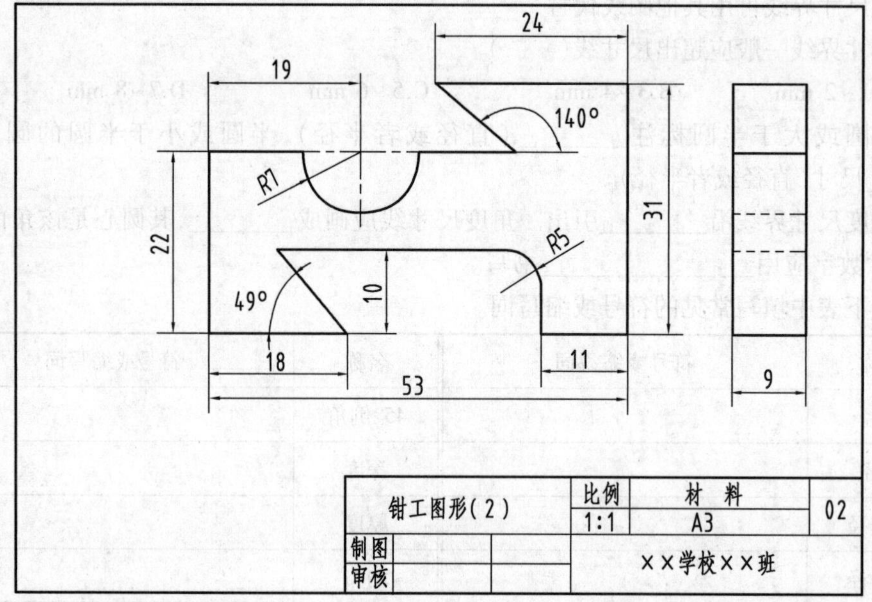

【学习反馈】

1.请写下你对本堂课产生的学习疑问及你的课堂提问。

2.通过本堂课的学习你掌握了哪些知识?哪些方面还需改进?

【课后兴趣作业】

参照下图所示的图形,用 2∶1 的比例画出该图形,并标注尺寸。

（自备 A4 图纸）

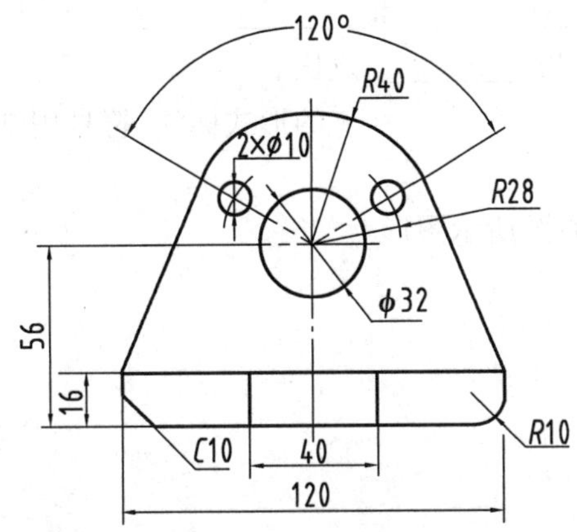

任务 4　识读斜块平面图形

【学习目标】

1.能描述尺寸分类和线段分类的含义。
2.能描述斜度的含义。
3.理解基准的定义和斜度的作图方法。
4.能正确分析几何图形的尺寸。

【学习过程】

一、复习知识

1.尺寸标注的基本规则有哪些？

2.常用尺寸的标注有哪些？

二、预习导学

1.基准是指____。
2.平面图形中的尺寸，根据所起的作用的不同分为__________、__________。

3.根据定形、定位尺寸是否齐全,可以将平面图形中的图线分为以下三大类:____________、____________和____________。

4.斜度是指________与________之比。

5.图样中斜度图中以____________的形式标注,符号用细实线绘制,符号方向应与斜度方向________。

6.按 1∶1 的比例绘制右图所示图形。

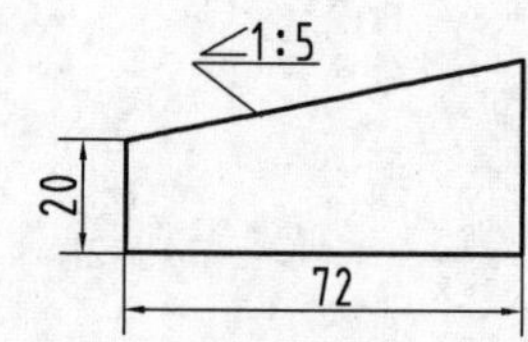

三、任务训练

1.分析下列图形的尺寸及线段。

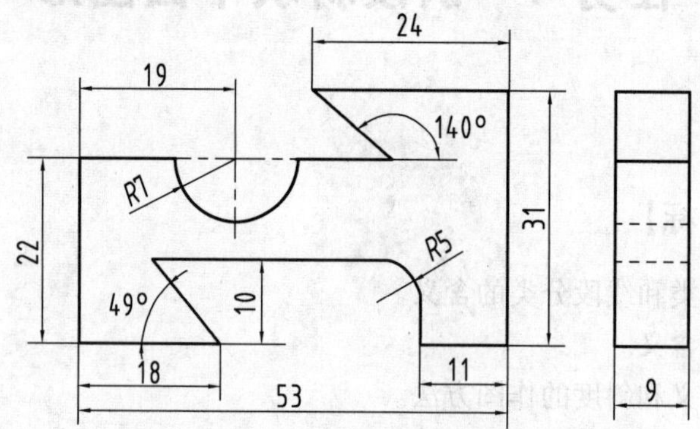

2.(小组合作)按 2∶1 的比例画出该斜块的平面图,并标注尺寸。(自备 A4 图纸)

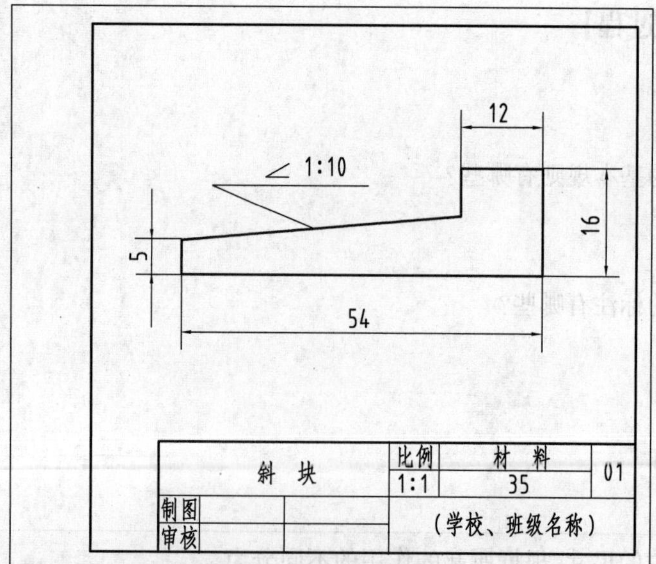

【学习反馈】

1.请写下你对本堂课产生的学习疑问及你的课堂提问。

2.通过本堂课的学习你掌握了哪些知识？哪些方面还需改进？

【课后兴趣作业】

按 2 : 1 的比例画出槽钢的平面图形,并标注尺寸。(自备 A4 图纸)

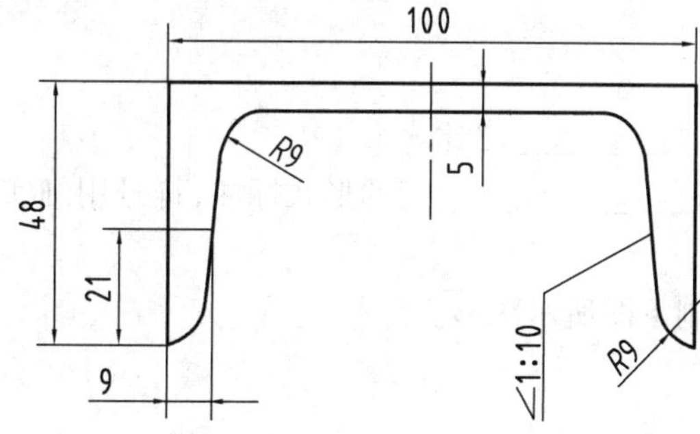

任务 5　识读圆锥轴的平面图

【学习目标】

1.能描述平面图形的作图步骤。
2.能描述锥度的含义。
3.理解锥度的作图方法。
4.能独立拟定正确的绘图步骤并能正确绘制机件平面图形。

【学习过程】

一、复习知识

1.平面图形的尺寸类型有哪些？平面图形的图线是如何分类的？

2.尺寸的基准应如何选择？请标出以下图形的尺寸基准。

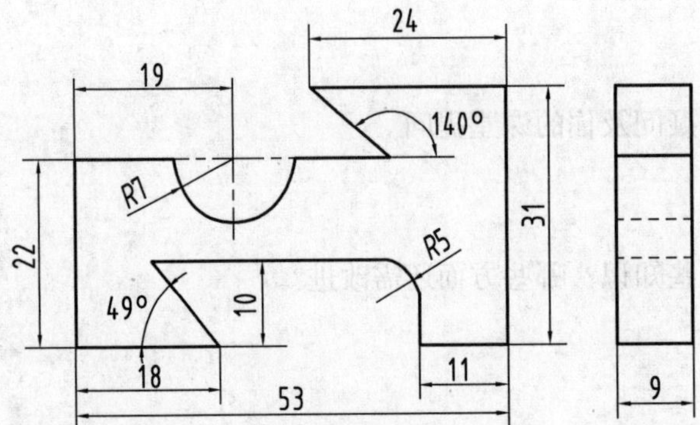

3.斜度的含义与标注分别是什么？

二、预习导学

1.锥度是指________与________之比。

2.图样中的锥度图以________________的形式标注，符号用细实线绘制，符号方向应与锥度方向________。

3.按 1∶1 的比例绘制下图所示图形。

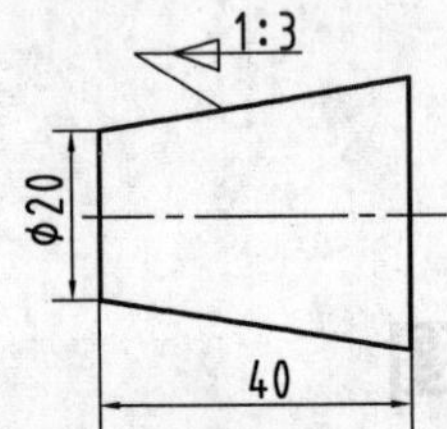

三、任务训练

将下图按 1∶1 的比例画在 A4 图纸上。

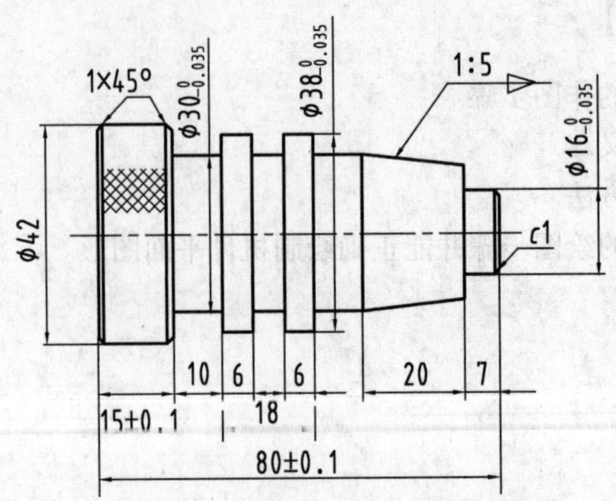

【学习反馈】

1.请写下你对本堂课产生的学习疑问及你的课堂提问。

2.通过本堂课的学习你掌握了哪些知识？哪些方面还需改进？

【课后兴趣作业】

参照下图所示的图形，按 2∶1 的比例画出该图形，并标注尺寸。

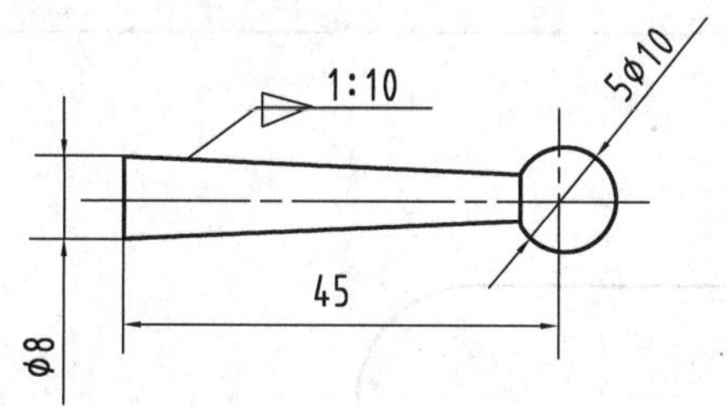

任务 6　绘制数铣工件平面图

【学习目标】

1.能描述圆弧连接的定义、实质、类型和作图步骤。

2.能理解圆弧连接的实质和作图步骤。

3.能正确绘出组合体、零件图中的圆弧连接，并在今后的工作中把圆弧连接应用到钳工、铣工的平面画线、立体画线中去。

【学习过程】

一、复习知识

平面图形的绘图方法与作图步骤是什么？

二、预习导学

1.说一说圆弧连接的定义，想一想在日常生活中的哪些地方见到过或者用到过圆弧连接？

2.圆弧连接的实质就是使连接圆弧与相邻线段________________________。

3.圆弧连接的形式有____________、____________、直线与圆弧。

4.圆弧连接的作图步骤为____________、____________、____________。

三、任务训练

1.参照右图的尺寸，完成左图。

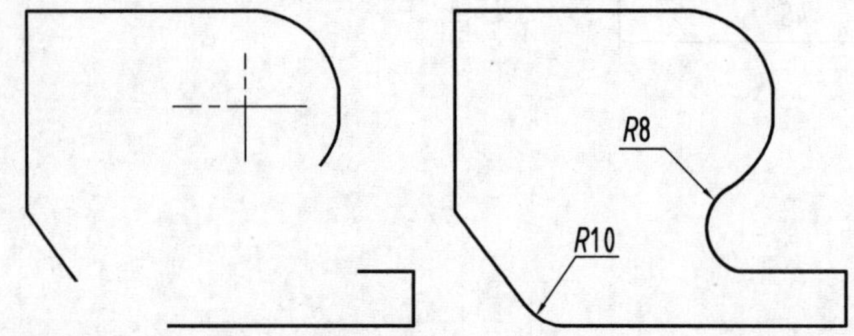

2.作圆内接正六边形。

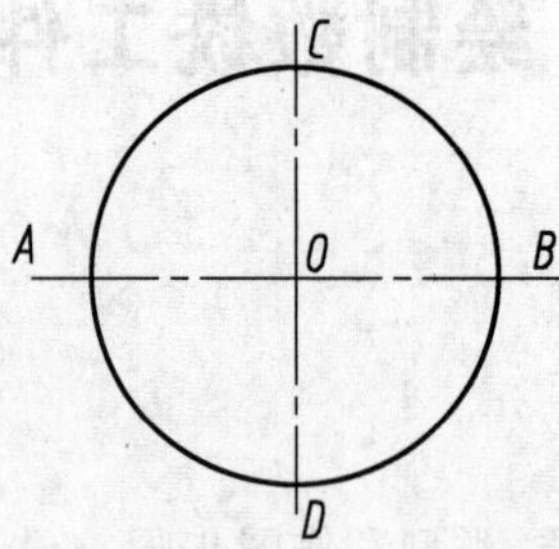

3.（小组合作）将下面数铣工件平面图按 1∶1 的比例画在 A4 图纸上。

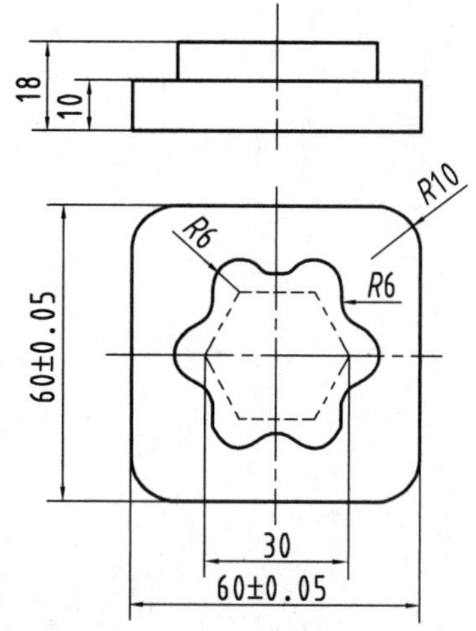

【学习反馈】

1.请写下你对本堂课产生的学习疑问及你的课堂提问。

2.通过本堂课的学习你掌握了哪些知识？哪些方面还需改进？

【课后兴趣作业】

参照所示的图形，按 1∶1 的比例画出该图形，并标注尺寸。

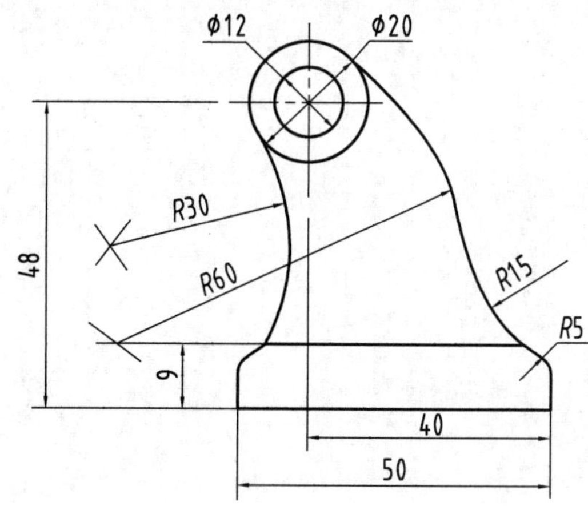

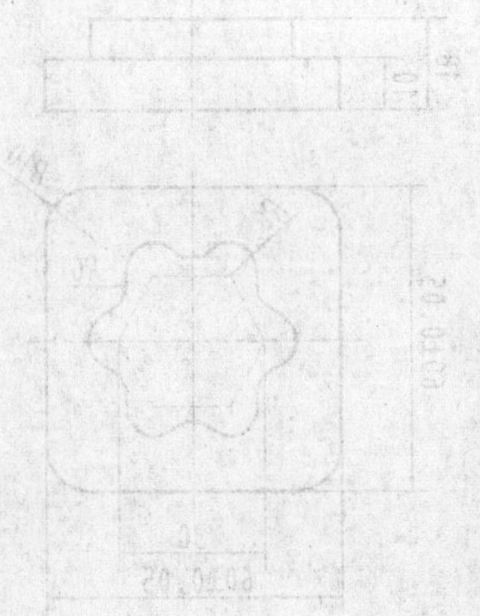

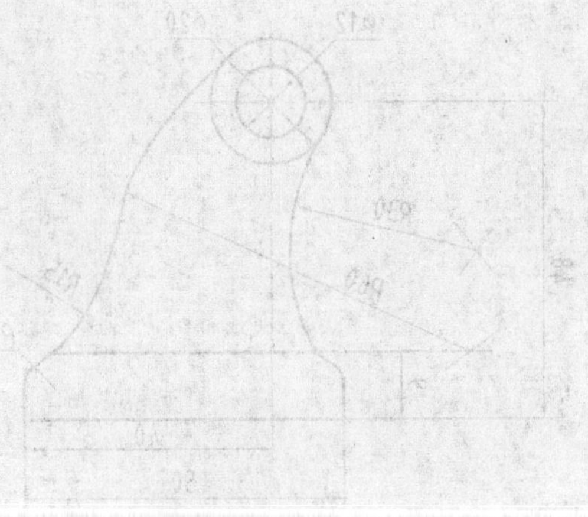

模块二

任务1　绘制简单体的三视图

【学习目标】

1.能描述投影的概念,能理解正投影的特征。

2.能描述三面投影体系、三视图名称及其投影规律。

3.理解三视图的形成、三视图与形体的关系。

4.能绘制和识读简单体的三视图。

【学习过程】

一、复习知识

1.图样的作用是什么?

2.简述投影的定义、组成、类型。

二、预习导学

1.图样中的图形是零件的________,工程制图中广泛采用________法来作图。正投影是指投影线________且________投影面。

2.一般单面投影或两面投影________(能、不能)表达物体形状,三面投影________(能、不能)完整表达。

3.三面投影体系的三个投影面分别为________面,代号用“________”;________面,代号用“________”;________面,代号用“________”。

4.根据________的图形称为视图。正面投影称为________,侧面投影称为________,水平面投影称为________。三个视图展开在一个平面上的三个视图称________,主视图在上方,左视图在主视图的________,俯视图在主视图的________。

5.三个视图之间的投影对应关系可以归纳为:主、俯视图________,主、左视图________,左、俯视图________。

6.视图反映了物体的________方位。左视图反映了物体的________方位;俯视图反映了物体的________方位。对于俯视图和左视图来说,凡是靠近主视图的一边(里面)是表示物体的________;凡是远离主视图的一边(外面)是表示物体的________。

三、任务训练

1.在三视图中填写视图的名称,并在尺寸线上填写长、宽、高。

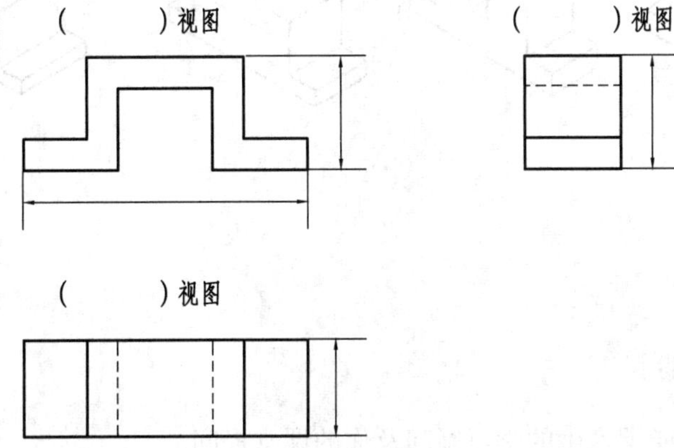

2.在三视图中填写物体的方位。

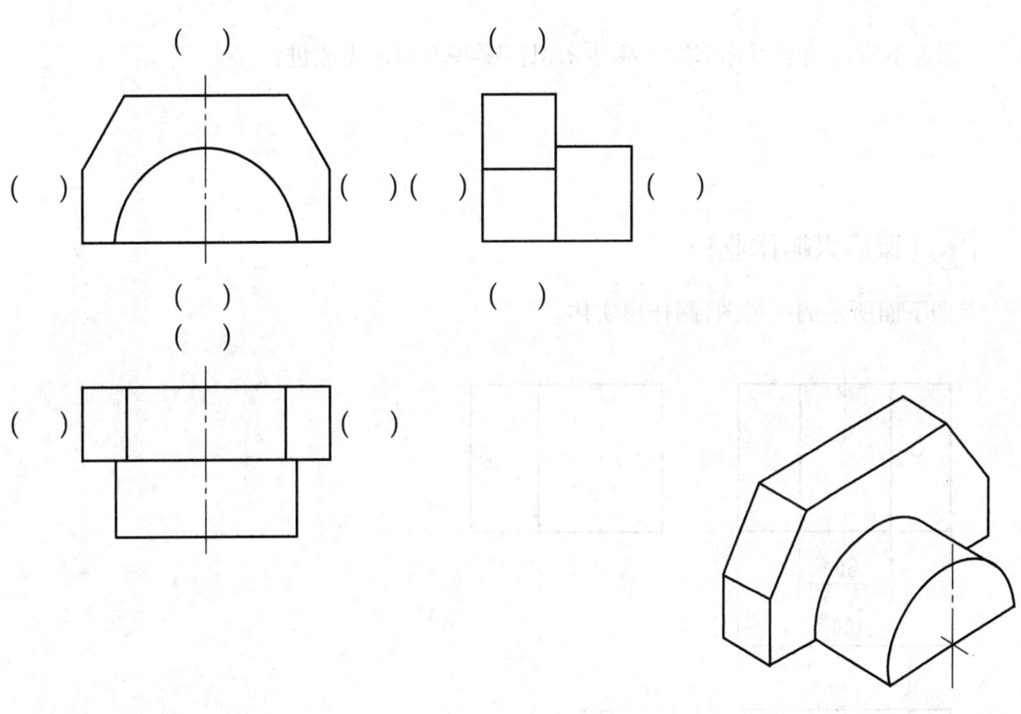

3.(小组合作)每组同学相互合作,利用正投影方法完成下列V形块(不同形状、大小的V形块,每组选择一件)的投影,然后画出三视图并展示结果。

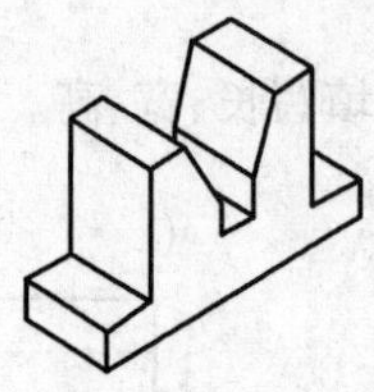
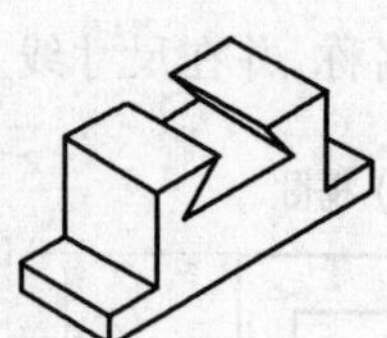
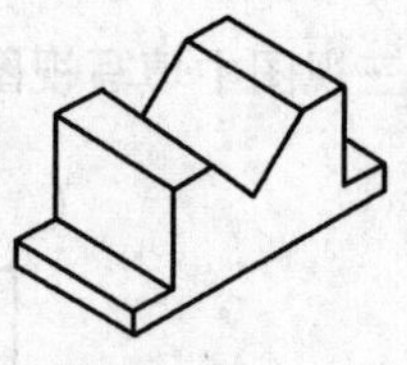

【学习反馈】

1.请写下你对本堂课产生的学习疑问及你的课堂提问。

2.通过本堂课的学习你掌握了哪些知识?哪些方面还需改进?

【课后兴趣作业】

参照下面所示的三视图,制作出实体。

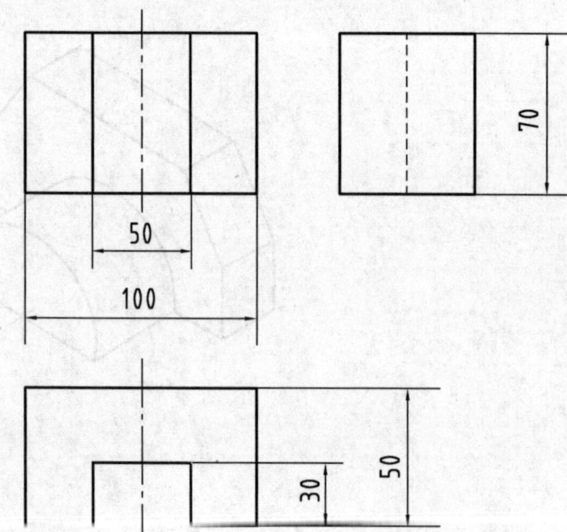

任务2 分析表面上点、线、面的特性

【学习目标】

1.能描述点、线、面投影的特征。
2.能描述点的三面投影规律,线、面的投影作法。
3.理解不同位置的线和面的三面投影特性。
4.会找点、线、面的投影,并能判断点、线、面的空间位置。

【学习过程】

一、复习知识

1.三视图的投影规律是什么?
2.简述三视图与形体的尺度、方位关系。

二、预习导学

动手演示,观察并填空。

1.点的投影特性为________。空间点用________标记,正面投影用________标记,侧面投影用________标记,水平面投影用________标记。

2.点的投影规律为____。

空间两点的________称为对该投影面的重影点。____________________称为重影性。

3.直线的投影特性:

(1)真实性 当直线与投影面________时,则直线的投影________。

(2)积聚性 当直线与投影面________时,则直线的投影________。

(3)收缩性 当直线与投影面________时,则直线的投影________。

4.三投影面体系中,直线相对于投影面的位置可分为以下三类:

一般位置直线的投影特征可归纳为____;

投影面平行线的投影特征可归纳为____;

投影面垂直线的投影特征可归纳为____。

5.平面的投影特性:

(1)真实性 当平面与投影面________时,则平面的投影________。

(2)积聚性 当平面与投影面________时,则平面的投影________。

(3)收缩性 当平面与投影面________时,则平面的投影________。

6.三投影面体系中,平面相对于投影面的位置可分为以下三类:
一般位置平面的投影特征可归纳为________________________________;
投影面平行面的投影特征可归纳为________________________________;
投影面垂直面的投影特征可归纳为________________________________。

三、任务训练

1.已知点、线、平面的两面投影,求其第三面投影。

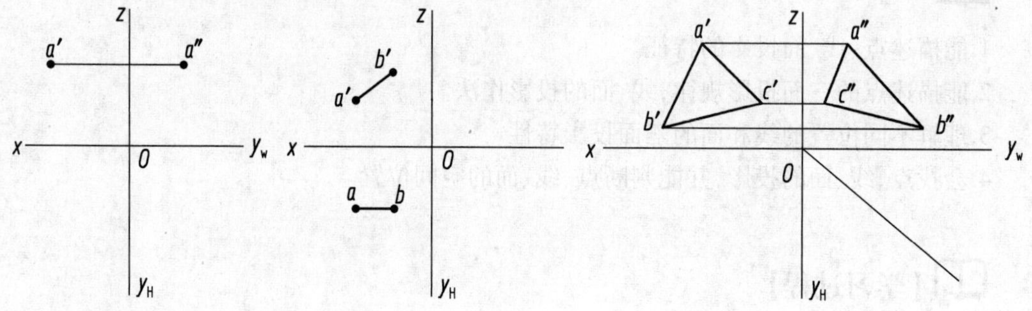

2.判断线段 *AB* 对投影面的相对位置。

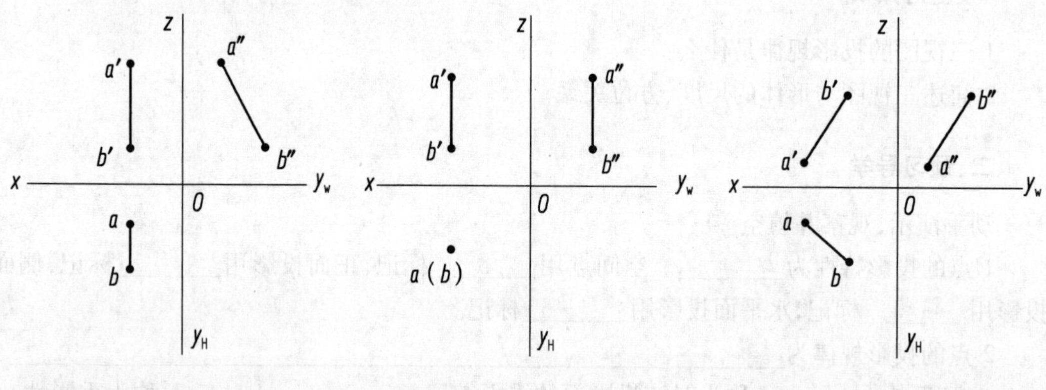

AB 是(　　　　)线　　　　*AB* 是(　　　　)线　　　　*AB* 是(　　　　)线

3.根据平面的三面投影,判断其空间位置。

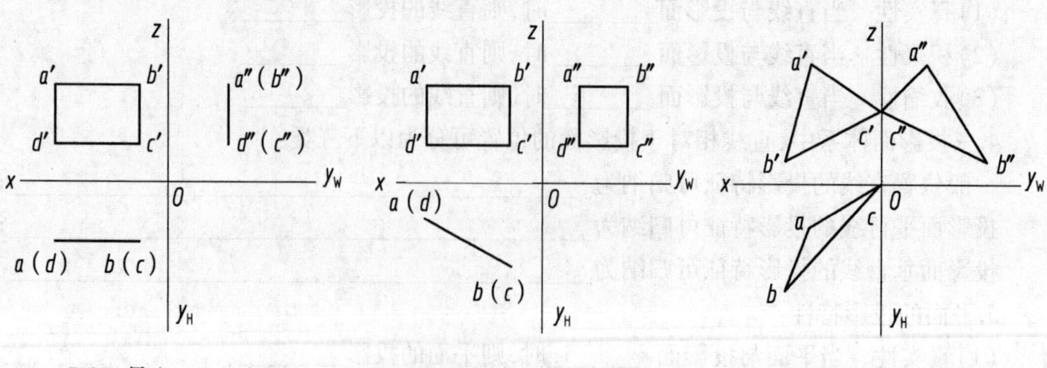

ABCD 是(　　　　)面　　　　*ABCD* 是(　　　　)面　　　　*ABC* 是(　　　　)面

4.根据立体图,在三视图中标出指定的点、直线、平面的投影,并说明各线和面属于什么位置线(面)。

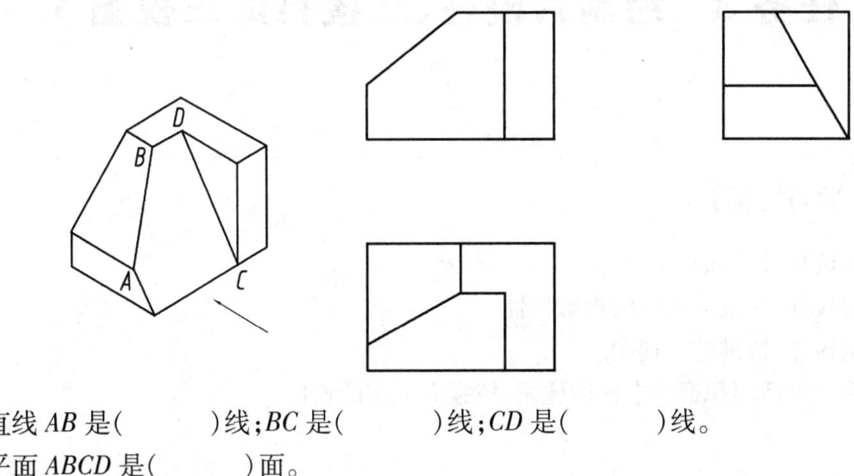

直线 *AB* 是(　　　　)线;*BC* 是(　　　　)线;*CD* 是(　　　　)线。
平面 *ABCD* 是(　　　　)面。

【学习反馈】

1.请写下你对本堂课产生的学习疑问及你的课堂提问。

2.通过本堂课的学习你掌握了哪些知识?哪些方面还需改进?

【课后兴趣作业】

根据立体图,补齐三视图中所缺图线,并在指定位置写出各直线。

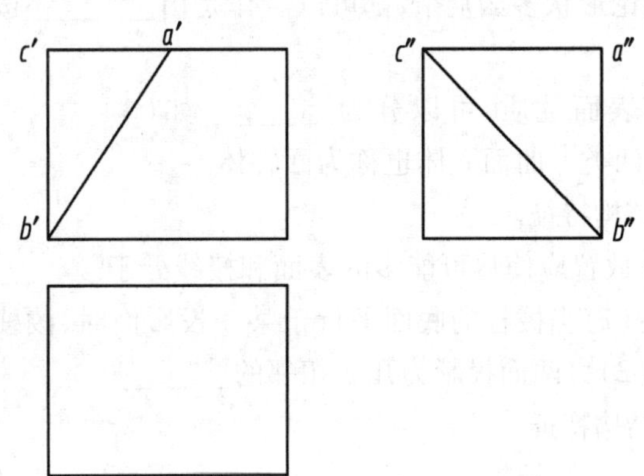

任务3　绘制六棱柱、三棱锥的三视图

【学习目标】

1.能描述棱柱、棱锥的结构特征。

2.能理解棱柱、棱锥三视图的投影特性。

3.能绘制棱柱、棱锥的三视图。

4.能较熟练地运用积聚性求作棱柱面、棱锥面上点的投影。

【学习过程】

一、复习知识

1.简述三视图的投影规律。

2.简述三视图与形体的尺度、方位关系。

二、预习导学

动手演示,观察并填空。

1.机器上的零件,不论形状多么复杂,都可以看作是由________按照不同的方式组合而成的。

2.基本几何体按其表面性质,可以分为________如(　　　　　　　　　　)和________如(　　　　　　　　)两类。曲面立体也称为回转体。

3.说一说正棱柱的结构特征。

绘制三视图时,棱柱放置应使尽可能多的表面和棱线处于________。

棱柱三视图的特征:(1)当棱柱的底面平行于某一投影面时,棱柱的投影在该面上为与底面相等的________。(2)另两面投影为几个相邻的________。

4.说一说正棱锥的结构特征。

棱锥三视图的特征:(1)当棱锥的底面平行于某一投影面时,棱锥的投影在该面上为与底面相等的________。(2)另两面投影为几个相邻的________。

5.棱柱、棱锥及棱台除了要标注确定其________和________形状大小的尺寸外,还要标注________尺寸。而确定顶面和底面形状大小的尺寸宜标注在反映________的视图上。底面为正多边形的棱柱和棱锥,其底面尺寸一般标注________,但也可根据需要注成其他形式。

三、任务训练

1.根据基本几何体的两个视图,补画第三个视图,并作出该基本体表面上一已知点的其他两个投影。

(1)

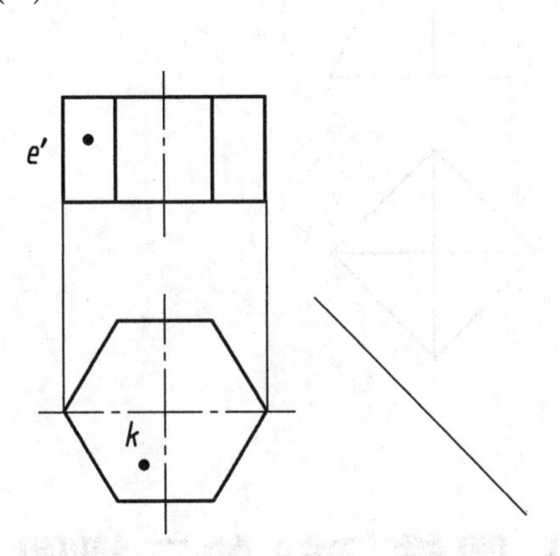

(2)

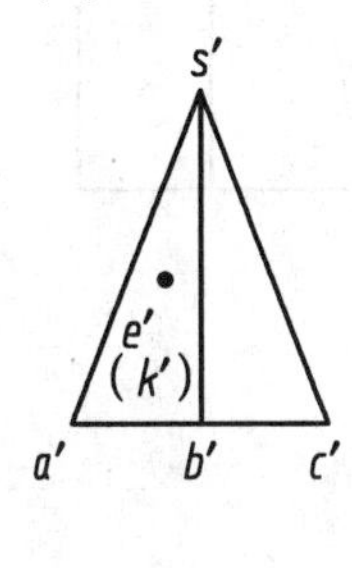

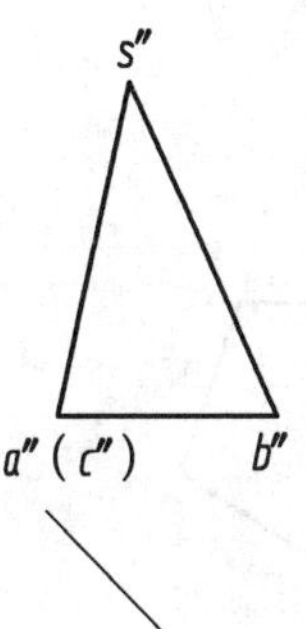

2.(小组合作)绘制棱形柱的三视图(自备A4图纸)。

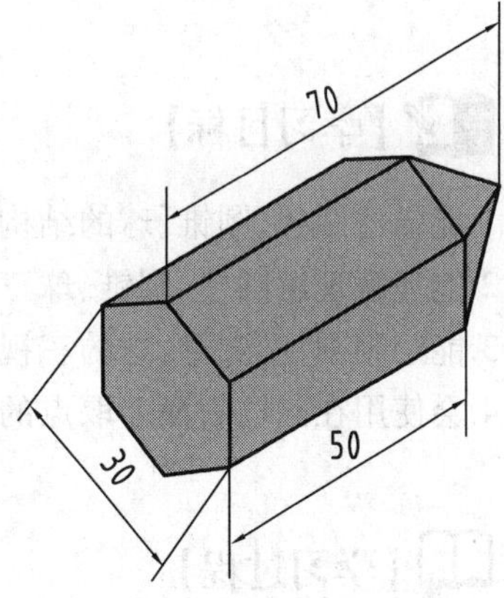

【学习反馈】

1.请写下你对本堂课产生的学习疑问。

2.通过本堂课的学习你掌握了哪些知识?哪些方面还需改进?

【课后兴趣作业】

完成下面棱柱、棱锥的三视图，写出形体名称并标尺寸。

(1)

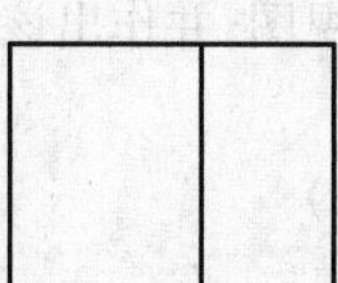

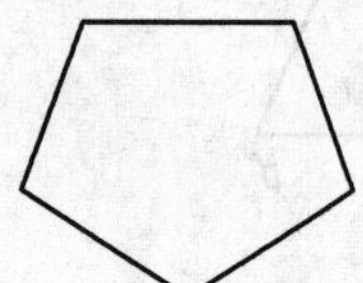

(2)

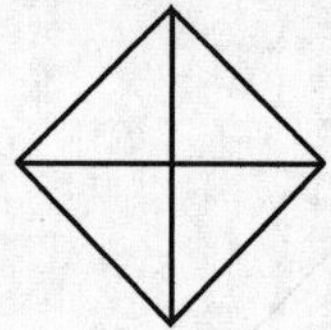

任务4　绘制螺栓毛坯(圆、圆锥、球)的三视图

【学习目标】

1.能描述圆柱、圆锥、球的结构特征。

2.能理解理解圆柱、圆锥、球三视图的投影特性。

3.能绘制圆柱、圆锥、球的三视图。

4.会使用在圆柱表面上取点的方法。

【学习过程】

一、复习知识

1.简述三视图的投影规律。

2.简述三视图与形体的尺度、方位关系。

二、预习导学

1.说一说圆柱的结构特征。

绘制三视图时，圆柱放置应使轴线________某一投影面。

圆柱三视图的特征：轴线垂直于某一投影面时，投影必为________，另外两个为________。

2.说一说圆锥的结构特征。

当圆锥轴线垂直于某一投影面时，该投影面上为一个与底面相等的________，另两个必为全等的________，顶点为________的投影。

3.圆柱、圆锥和圆锥台，应标注________和________尺寸。直径尺寸一般标注在________视图上，并在数字前加注符号“________”。尺寸集中标注在一个非圆视图上时，这个视图即可表示清楚它们的形状和大小。标注球的尺寸时，需在直径数字前加注符号“________”。

三、任务训练

1.根据基本几何体的两个视图，补画第三个视图并标出尺寸，同时作出该基本体表面上一已知点的其他两个投影。

(1)

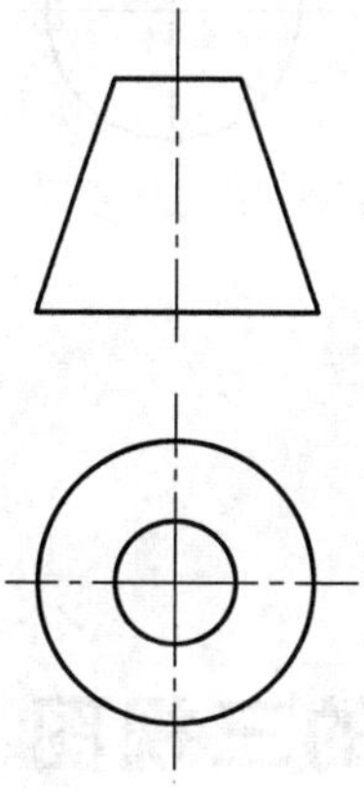

(2)

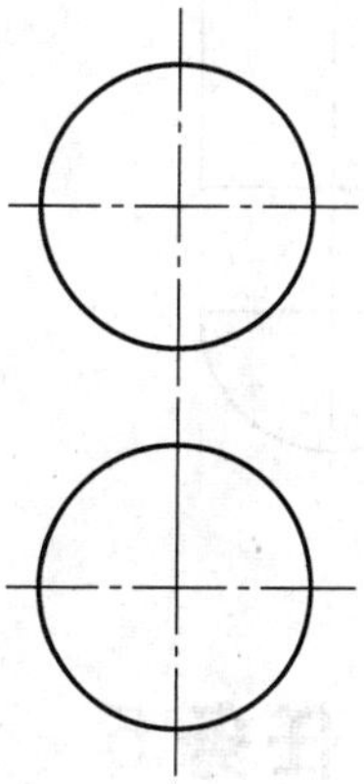

(3)

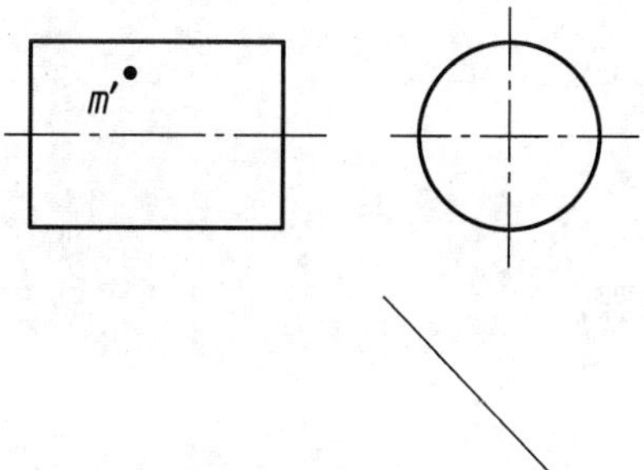

m′

(4)

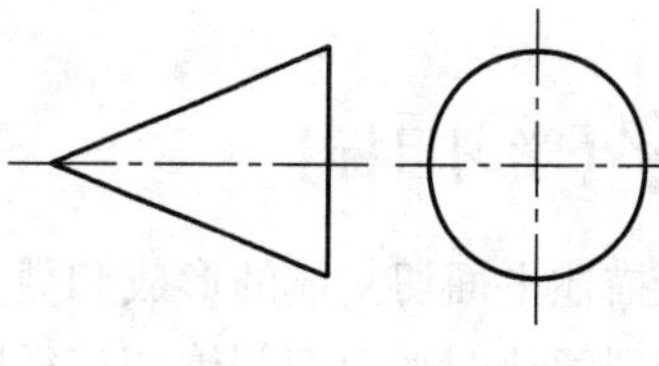

2.(小组合作)(自备 A4 图纸)绘制螺栓毛坯的三视图。

【学习反馈】

1.请写下你对本堂课产生的学习疑问。

2.通过本堂课的学习你掌握了哪些知识？哪些方面还需改进？

【课后兴趣作业】

已知一曲面立体的两个视图,补画其第三个视图。

(1)

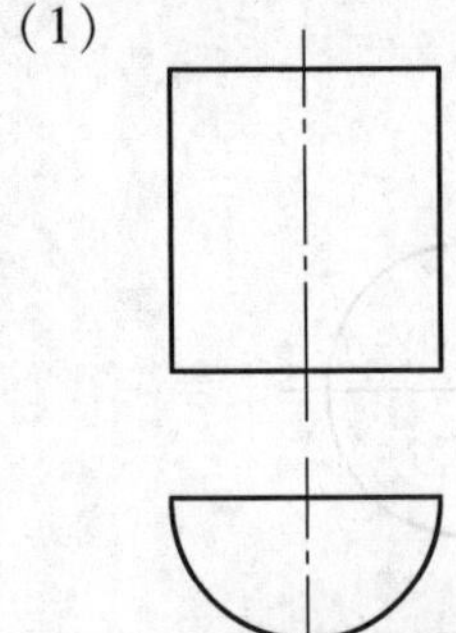

(2)

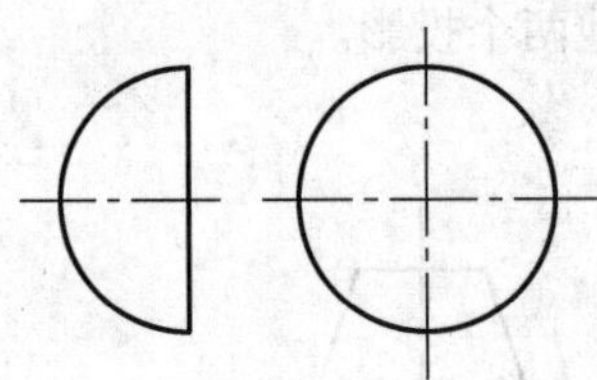

任务5　绘制平面切割体的三视图

【学习目标】

1.能描述平面切割体的形成和截交线的特征。
2.能理解绘制平面切割体的三视图的方法与步骤。
3.能正确分析平面切割体结构的形成过程。
4.会绘制平面切割体的三视图。

【学习过程】

一、复习知识

1.什么是平面体？常见的平面体有哪几种？

2.棱柱三视图的投影特性是什么？

3.平面与三个投影面有哪些位置关系？各有什么投影特征？

二、预习导学

1.组合体有____。类型有________。

2.简述平面切割体的形成过程。什么是截交线？

3.平面体截交线一定是一个封闭的________,多边形的各顶点是截平面与被截棱线的交点。

4.绘制平面切割体的三视图的步骤：

(1)分析:①形体分析;②位置分析;③截交线截断面分析;④投影分析。

(2)画未切形体三视图。

(3)逐个处理截断面(N边形N个点)。

(4)擦除、检查、描深。

三、任务训练

绘制棱柱切割体三视图。

1.根据所给出的两视图选择正确的第三视图。

(1)

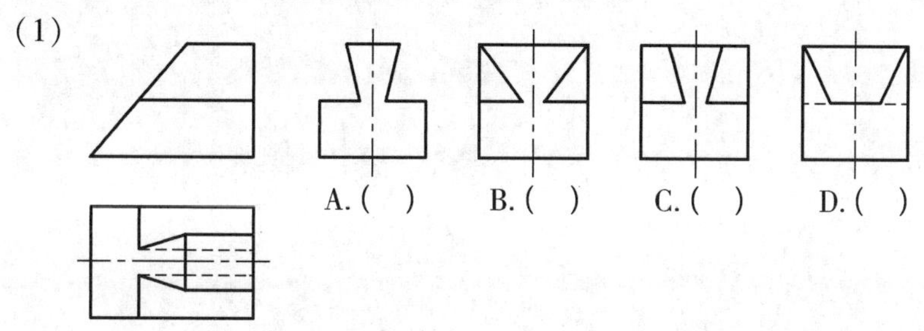

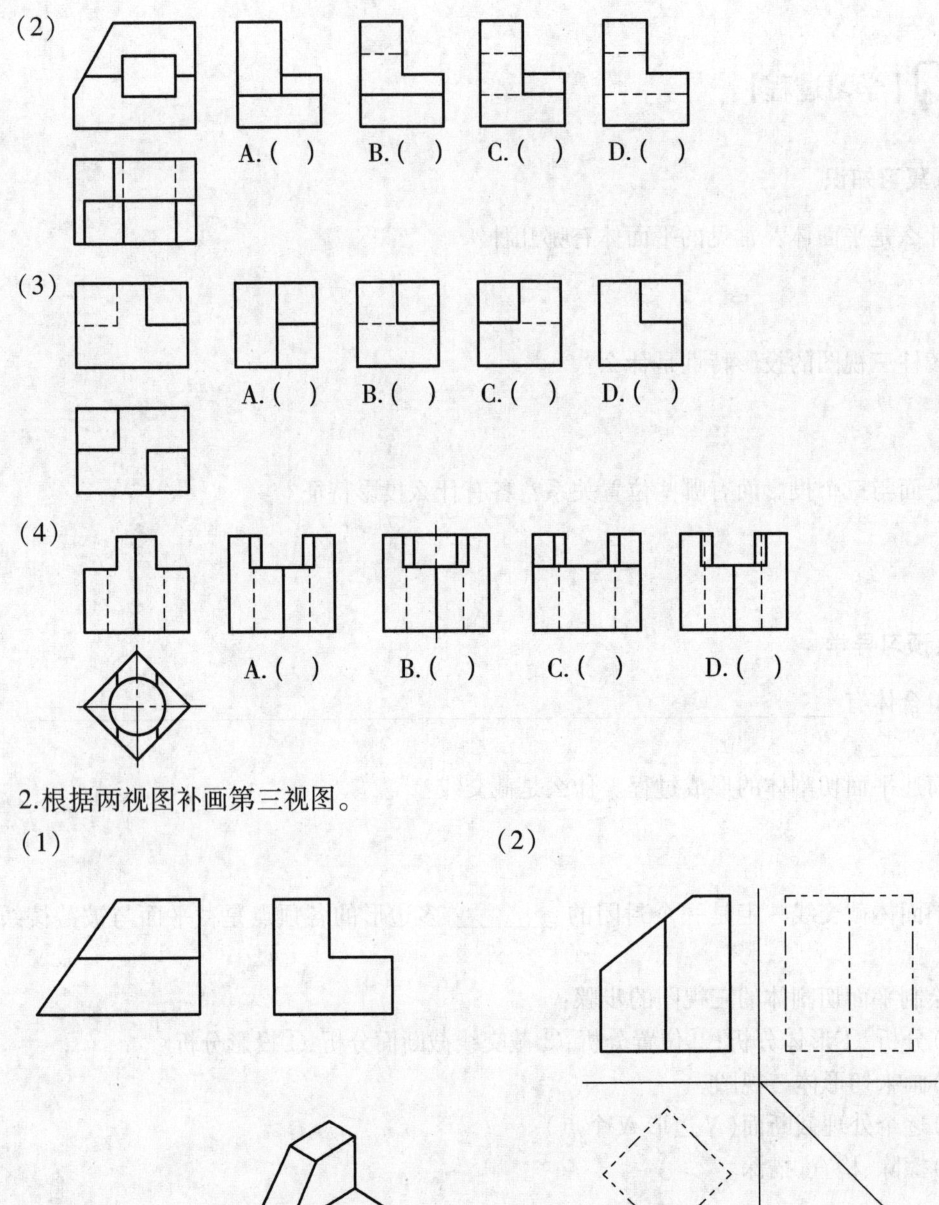

2.根据两视图补画第三视图。

(1)

(2)

(3)　　　　　　　　　　(4)

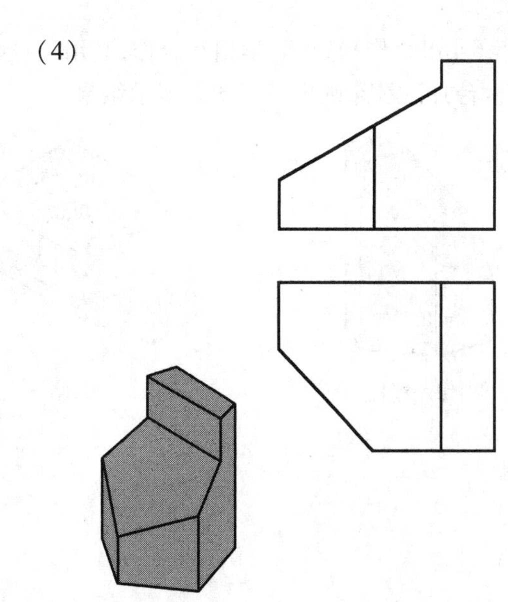

3.补漏线。

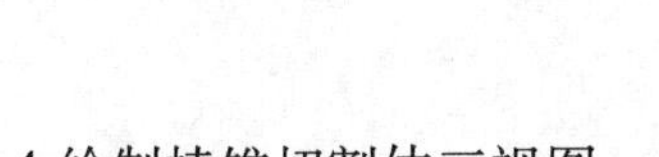

4.绘制棱锥切割体三视图。

(1)　　　　　　　　　　(2)

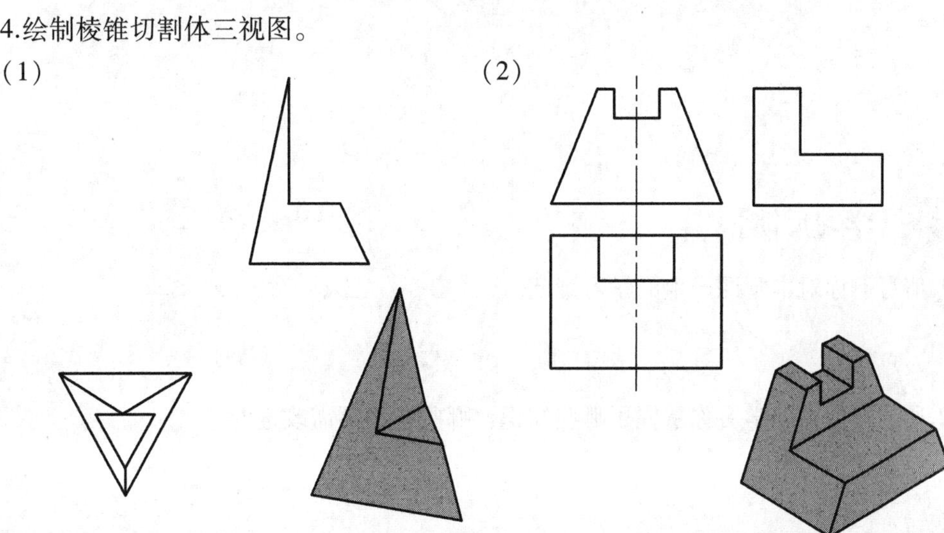

5.(小组合作)每组同学相互合作,利用正投影方法完成下列形体(斜切六棱柱、压块、开槽四棱台)的投影,画出三视图并展示结果。

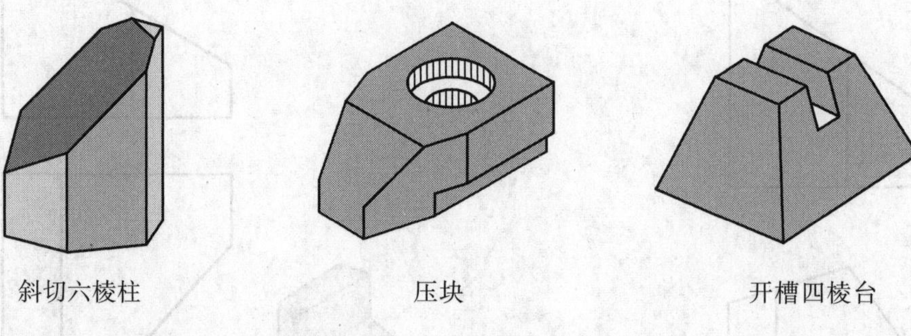

斜切六棱柱　　压块　　开槽四棱台

【学习反馈】

1.请写下你对本堂课产生的学习疑问。

2.通过本堂课的学习你掌握了哪些知识?哪些方面还需改进?

【课后兴趣作业】

根据轴测图，切制模型并补画视图或缺线。

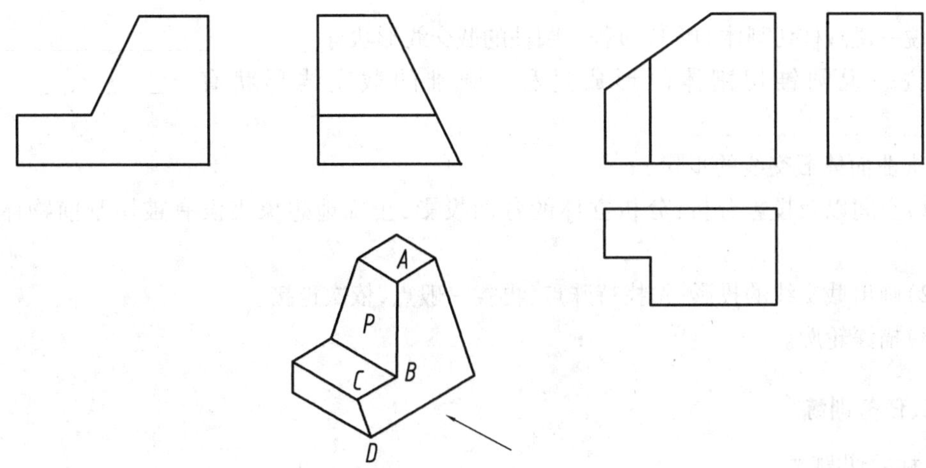

任务6　绘制曲面切割体的三视图

【学习目标】

1.能描述曲面切割体的形成及截交线的形状特征。

2.能理解圆柱、圆锥、球切割体三视图的作图方法。

3.能绘制圆柱切割体的三视图和简单圆锥、球切割体的三视图。

【学习过程】

一、复习知识

1.什么是曲面体？常见曲面体有哪几种？

2.圆柱、圆锥、球的三视图的投影特性是什么？

3.什么是截交线？简述截交线的性质。

二、预习导学

1.说一说圆柱切割体的形成过程。圆柱的截交线形状有________、________、________。

2.说一说圆锥切割体的形成过程。圆锥的截交线形状有________、________、________、________、________。

3.求曲面体截交线的步骤。

(1)空间以及投影分析:分析立体的各面投影,正确地想象出没有被切割前物体的三视图。

(2)画出截交线的投影:先找特殊点,再找一般点,依次连接。

(3)描深轮廓。

三、任务训练

圆柱的切割

1.根据轴测图,完成带切口圆柱的三视图。

(1)

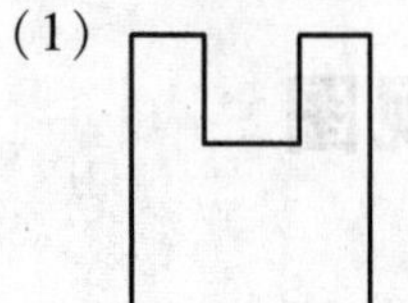

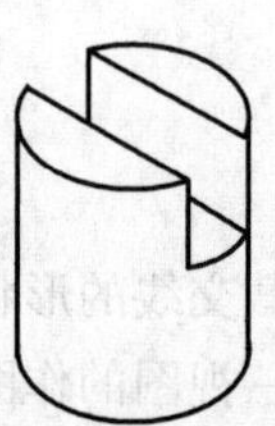

(2)

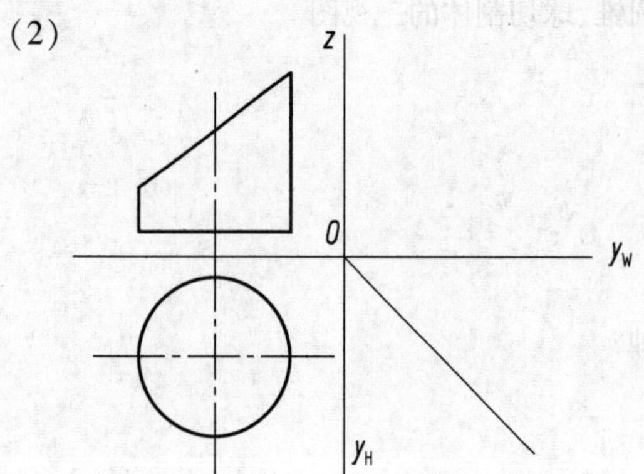

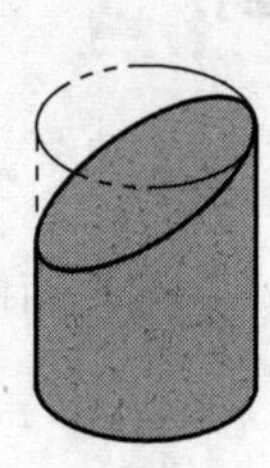

2.选择正确的左视图。

(1)

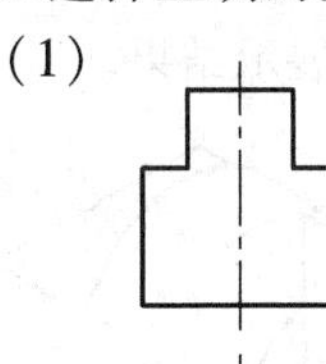
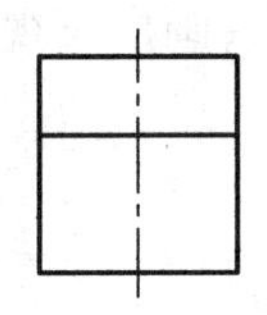
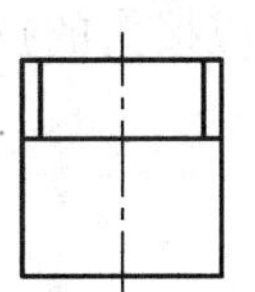
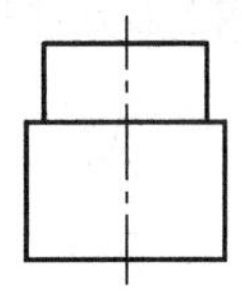
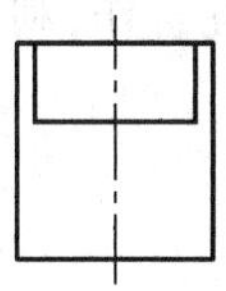

A.(　) B.(　) C.(　) D.(　)

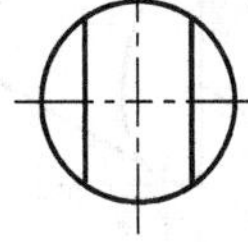

(2)

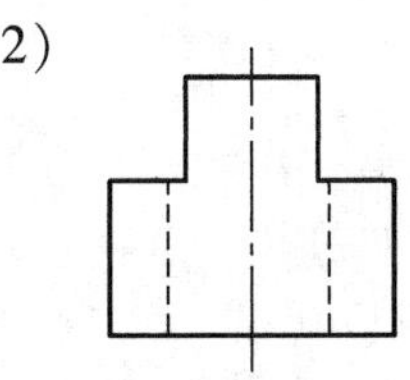
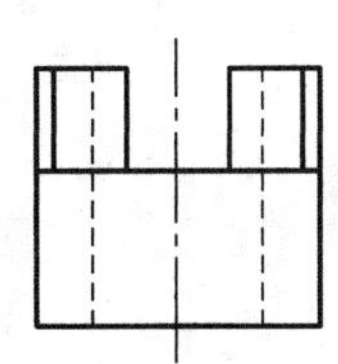
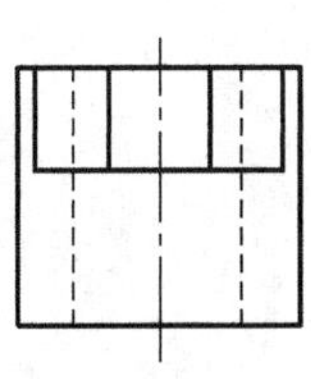
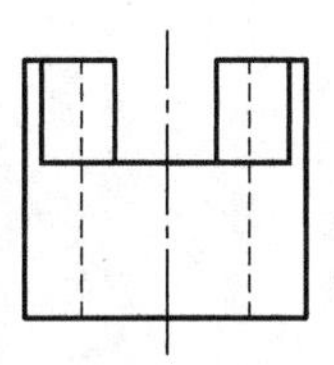
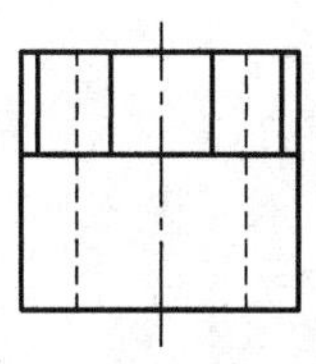
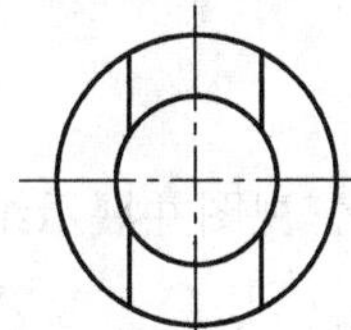
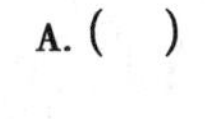

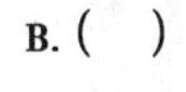

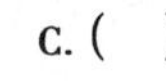

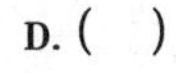

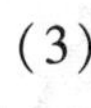

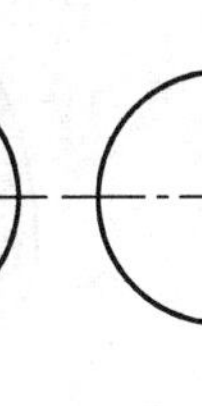
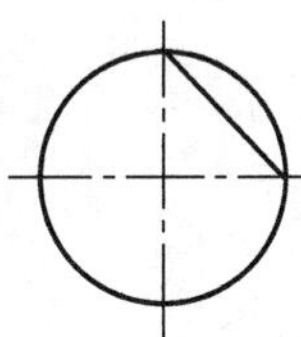
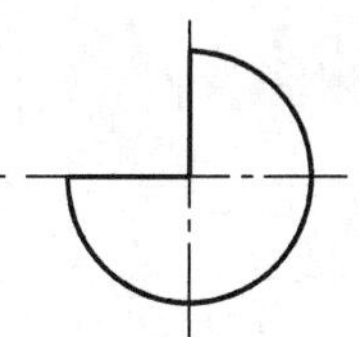
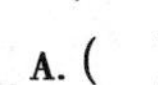

B.(　)
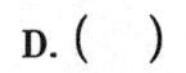

D.(　)

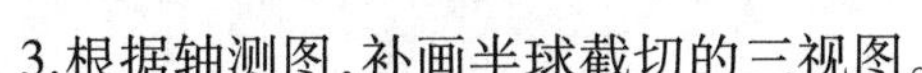

3.根据轴测图,补画半球截切的三视图。

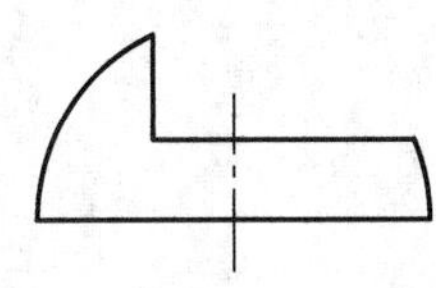
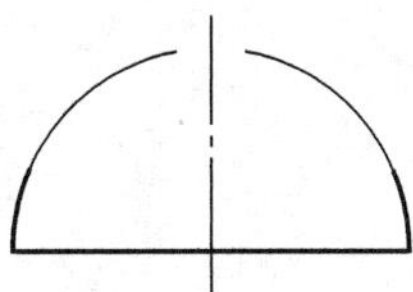
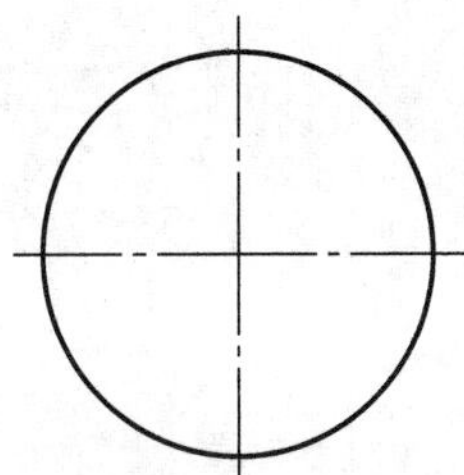
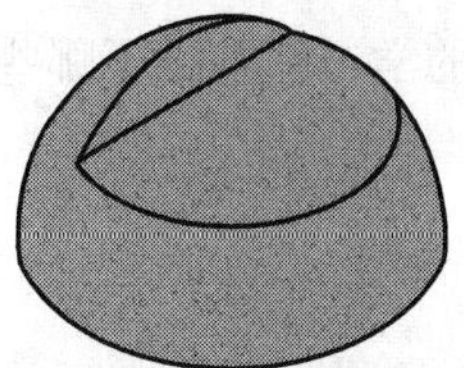

4.（小组合作）绘制接头的三视图。

每组同学相互合作，利用正投影方法完成接头的投影，画出三视图并展示结果。

5.（小组合作）绘制开槽半球的三视图。

每组同学相互合作，利用正投影方法完成开槽半球的投影，画出三视图并展示结果。

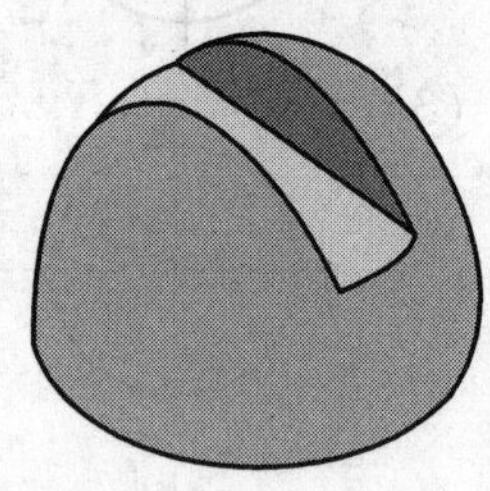

【学习反馈】

1.请写下你对本堂课产生的学习疑问。

2.通过本堂课的学习你掌握了哪些知识？哪些方面还需改进？

【课后兴趣作业】

已知一曲面立体的两个视图,补画其第三个视图。

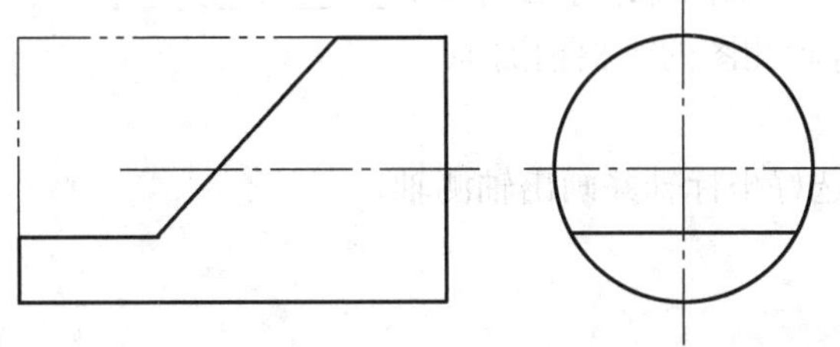

任务7　绘制基本体的正等轴测图

【学习目标】

1.能描述正等轴测图的形成并说出正等轴测图的轴间角、轴向伸缩系数。
2.掌握怎样将一个三视图转化为正等轴测图的方法。
3.能够根据三视图或实物画出基本体正确的正等轴测图。

【学习过程】

一、复习知识

1.工程上常用________绘制图样,多面正投影图能完整、准确地反映物体的形状和大小,且度量性好、作图简单,但立体感不强,只有具备一定读图能力的人才能看懂。

2.简述三视图的形成过程。

3.三视图与物体的尺寸关系,与投影轴的关系分别是什么?

二、预习导学

1.轴测投影的基本特性:

(1)空间互相平行的线段,在轴测投影中一定互相________。与直角坐标轴平行的线段，其轴测投影必与相应的轴测轴________。

(2)与轴测轴平行的线段，按该轴的________进行度量，绘制轴测图必须沿________测量尺寸。在制图教学中，轴测图也是发展空间构思能力的手段之一，通过画轴测图可以帮助学生想象、构思形体结构。

2.正等轴测图的轴间角均为________，轴向伸缩系数分别为________。

3.利用手头的三角板绘制一个正等轴测图的三根轴测轴。

4.绘制正等轴测图步骤：

(1)在画平面立体的轴测图时，应选好坐标轴并画出轴测轴；

(2)根据坐标确定各顶点的位置；

(3)依次连线，完成整体的轴测图。

在具体画图时，应分析平面立体的形体特征，一般总是先画出物体上一个主要表面的轴测图。通常是先画________，再画________；有时需要先画________，再画________；或者先画________，再画________。

为使图形清晰，轴测图中一般只画可见的轮廓线，避免用虚线表达。

三、任务训练

1.绘制长方体的正等轴测图。

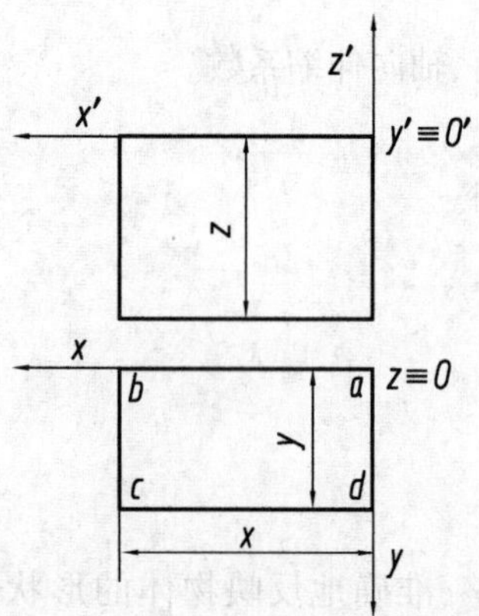

2.绘制凹形棱柱的正等轴测图。

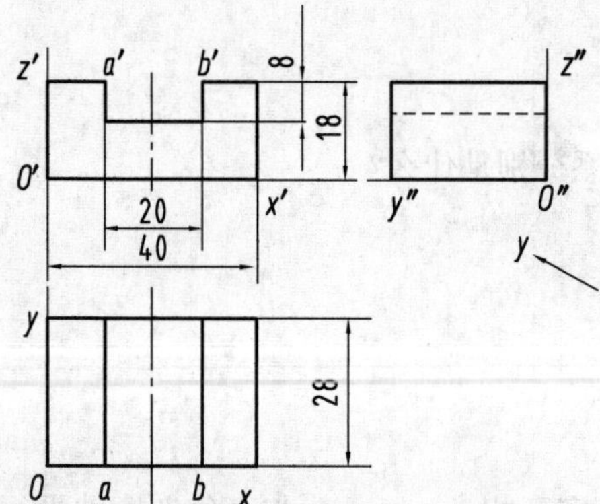

3.绘制圆柱体的正等轴测图。

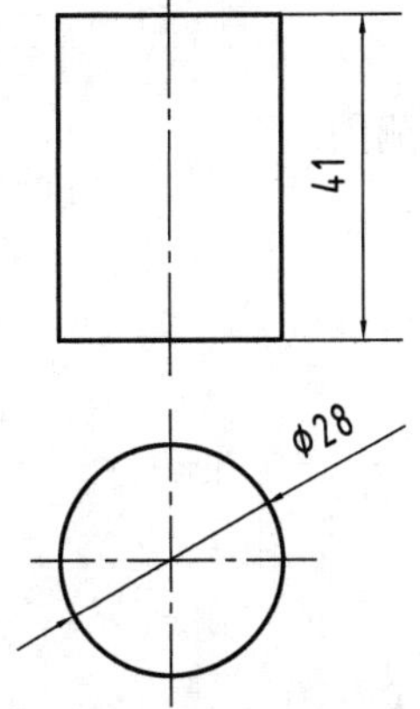

4.绘制圆角平板的正等轴测图。

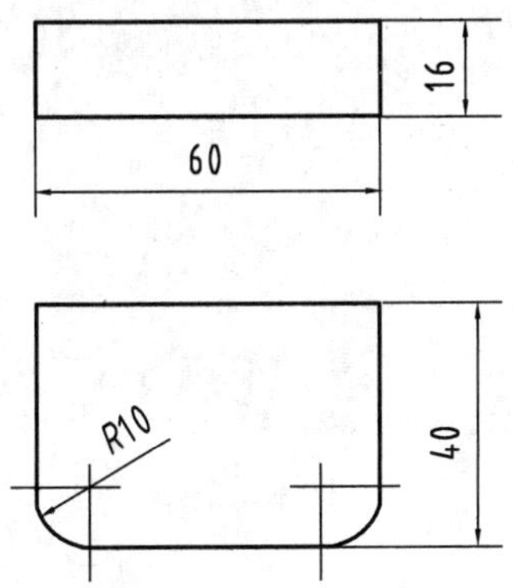

【学习反馈】

1.通过本堂课的学习你掌握了哪些知识？写下你对本堂课产生的学习疑问。

2.本节的学习对三视图绘制有帮助吗？

【课后兴趣作业】

根据某形体的两个视图,补画第三视图并绘制其正等轴测图。

(1)

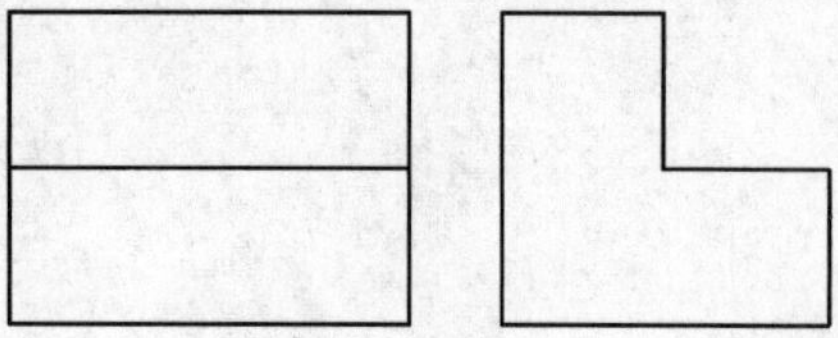

(2)

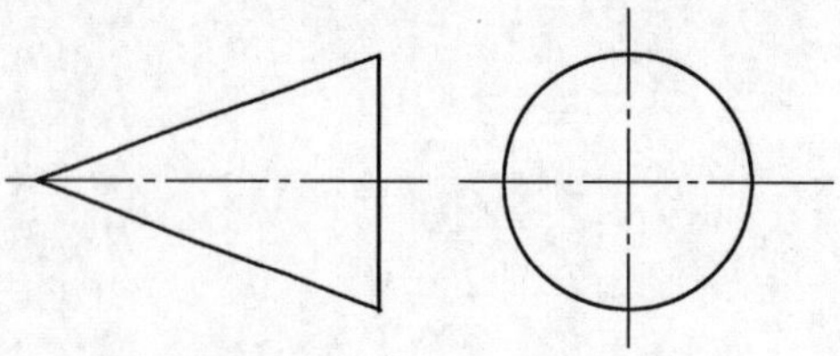

任务8　绘制组合体(斜二测)的轴测图

【学习目标】

1.能描述斜二测图的形成,并说出斜二测图的轴间角、轴向伸缩系数。

2.能够根据三视图或实物独立画出切割类组合体正确的正等轴测图。

【学习过程】

一、复习知识

1.简述轴测投影的基本特性。

2.绘制正等轴测图的三根轴测轴。

二、预习导学

1.绘制切割类组合体的正等轴测图的方法是________。

2.斜二测图的轴间角为________，轴向伸缩系数分别为________________。在斜二测图中，由于平行于 *xoz* 坐标平面的轴测投影反映实形，因此，当立体的正面形状复杂，具有较多的圆或圆弧，而在其他平面上图形较简单时，采用________比较方便。

三、任务训练

1.根据两视图绘制正等轴测图并补画第三视图。

(1)

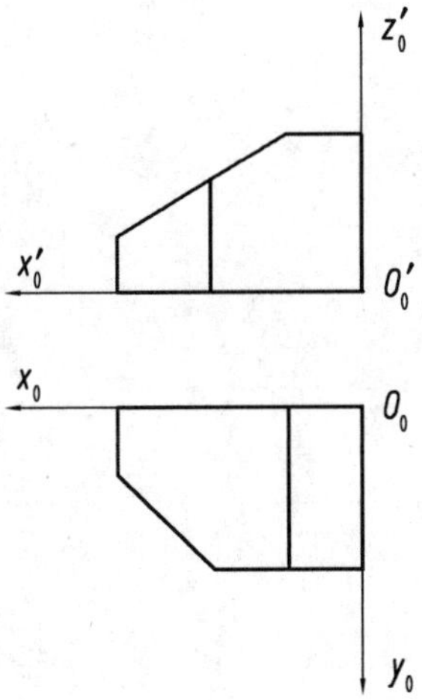

(2)

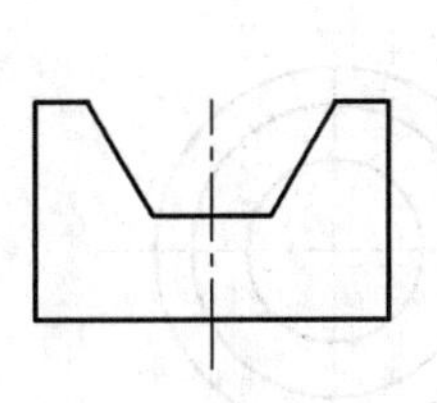

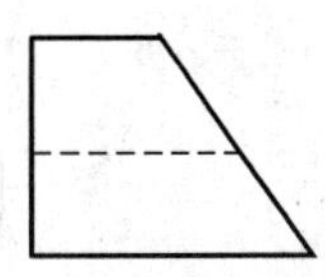

2.绘制半圆形板斜二测图并补画第三视图。

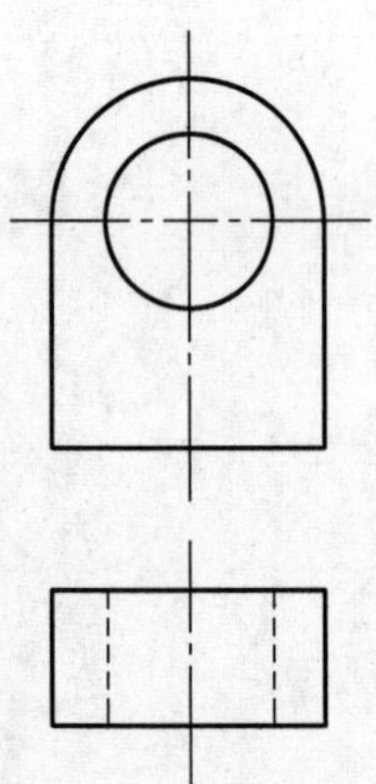

【学习反馈】

通过本堂课的学习你掌握了哪些知识？正等轴测图和斜二测图有什么区别？

【课后兴趣作业】

根据两视图绘制（斜二测）轴测图。

(1)

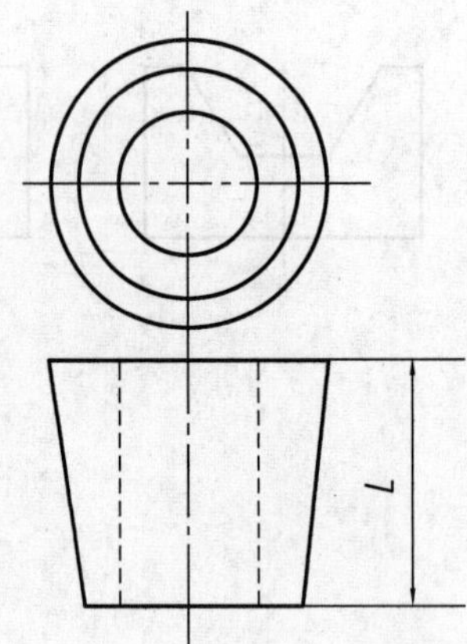

（2）

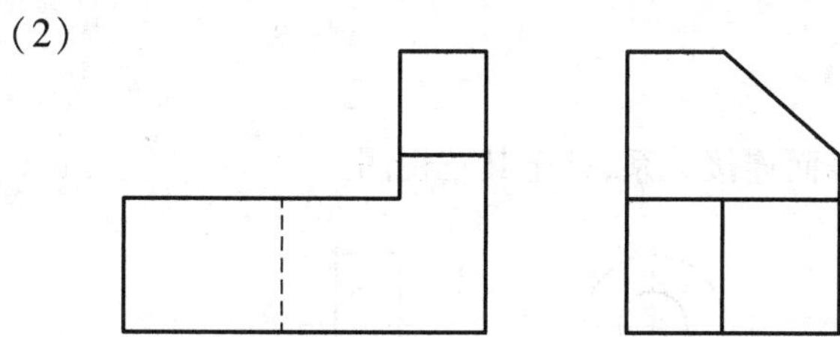

任务9 组合体连接与形体分析法

【学习目标】

1.能描述组合体的概念、组合体的组合方式及表面连接形式。
2.能理解形体分析法。
3.能用形体分析法正确分析组合体的组合方式,能正确分析组合体的表面连接关系。
4.会熟练绘制组合体的表面连接分界线。

【学习过程】

一、复习知识

1.常见的基本体有____，组合体有____。

2.组合体的组合方式有________、________、________。

3.简述绘制切割类组合体的三视图方法。

二、预习导学

1.叠加类组合表面的连接关系有________、________、________。

2.形体分析法是____________________；其步骤为____________________，____________________，____________________。

三、任务训练

1.根据两种支座的轴测图,分析其表面连接关系,补全其三视图。

(1)

(2)

结论:平齐:________;不平齐:________。

2.根据两种套筒的轴测图,分析其表面连接关系,补全其三视图。

(1)

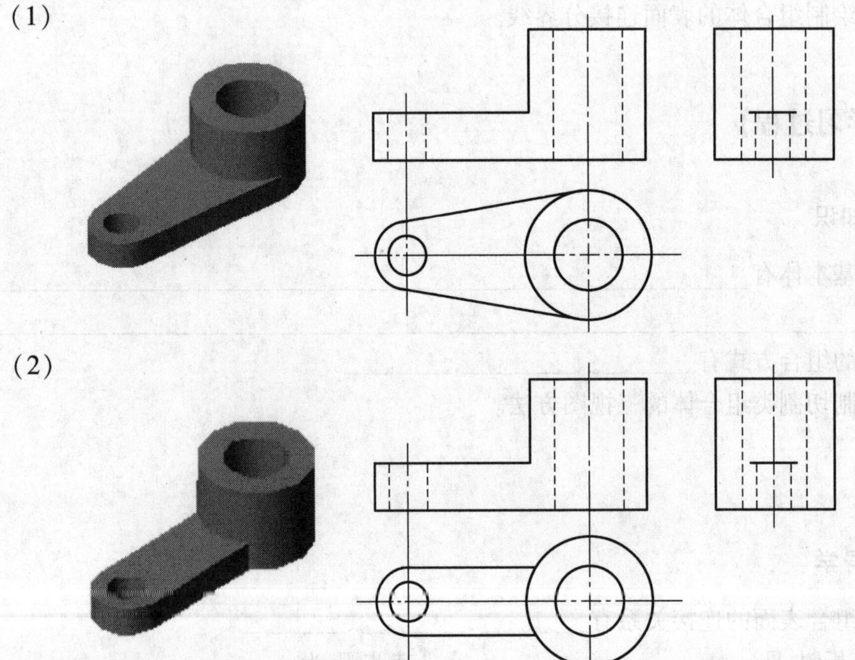

(2)

结论:相切:________;相交:________。

3.根据轴测图,分析其表面连接关系,补全三视图中的缺线。

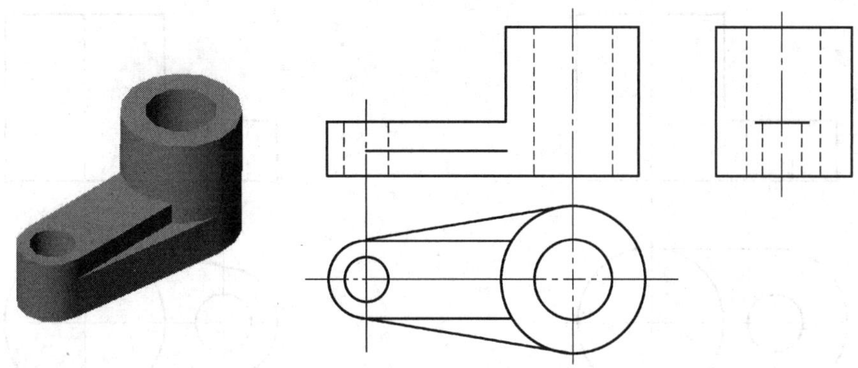

【学习反馈】

1.请写下你对本堂课产生的学习疑问。

2.通过本堂课的学习你掌握了哪些知识？哪些方面还需改进？

【课后兴趣作业】

根据已知视图,补画下列组合体表面的交线。

(1)

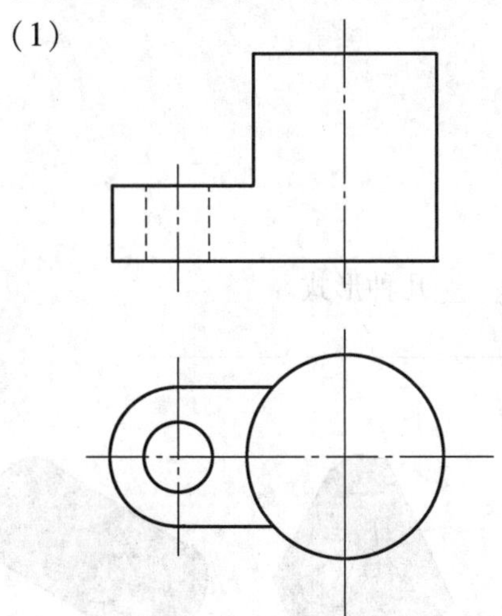

(2)

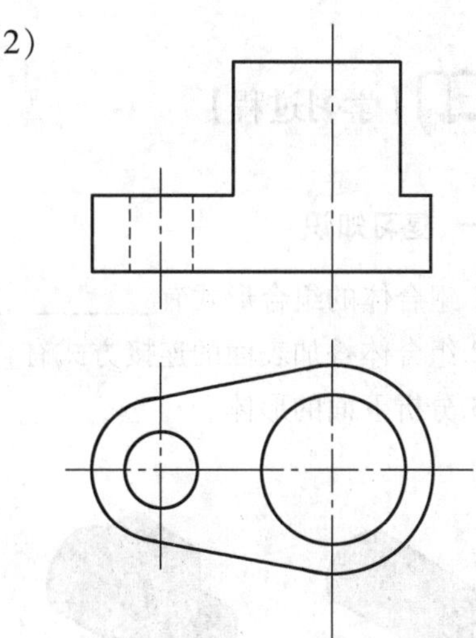

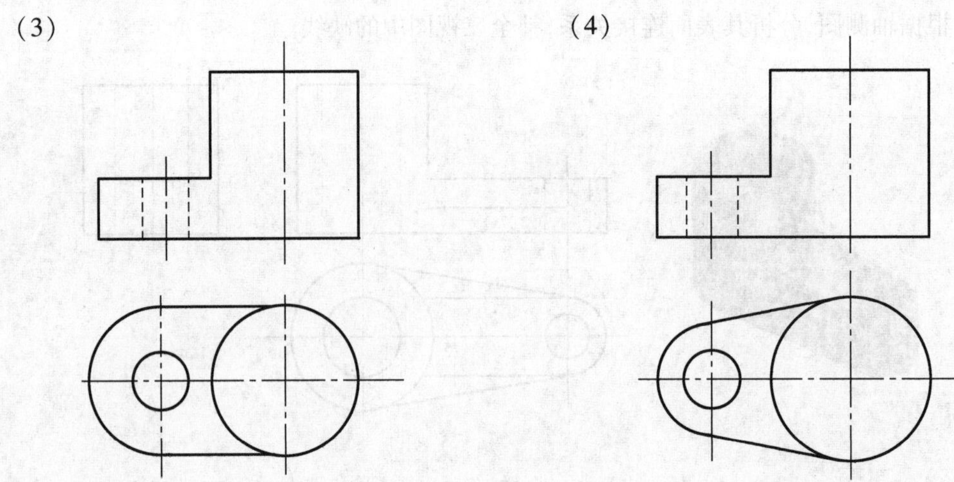

任务 10　绘制三通管(相贯线)的三视图

【学习目标】

1.能描述相贯线的特性。

2.能理解等径与不等径时相贯线的简化画法与变化规律,以及相贯线的表面取点法。

3.能够用简化画法正确画出常见两圆柱体的相贯线。

【学习过程】

一、复习知识

1.组合体的组合形式有________、________、________几种形式。

2.组合体叠加表面的连接方式有________、________、________、________。

3.分析下面的形体。

二、预习导学

1.组合体两形体的表面彼此相交称为相贯,在相交处的交线(分界线)称为相贯线。相贯线也是机器零件的一种表面交线,零件表面的相贯线大都是圆柱、圆锥、球面等回转体表面相交而成。

2.只有当两圆柱正交相贯时才可以使用简化画法。其画图步骤为________、________、________。画两不等径圆柱的相贯线时,相贯线要向大圆柱________。

三、任务训练

1.利用表面取点法画相贯线。

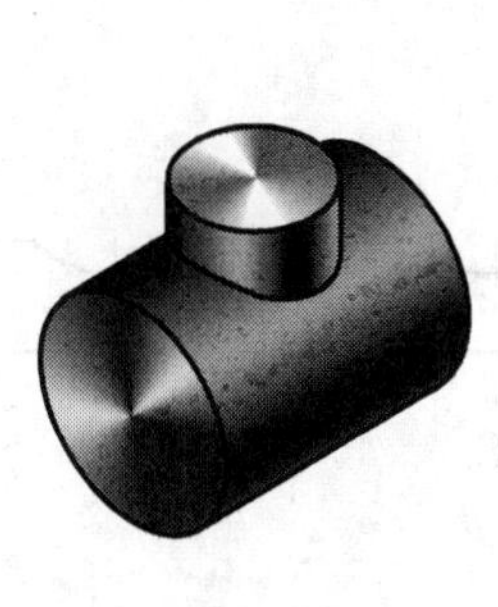

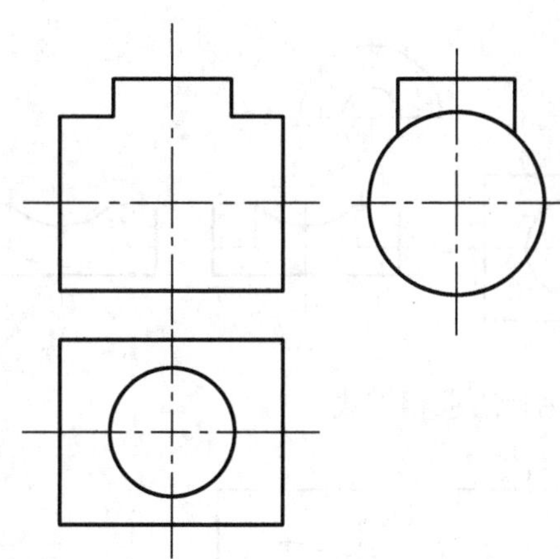

2.选一选。

(1)选左视图

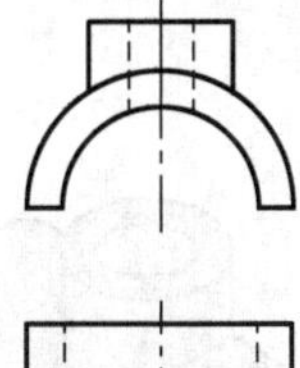

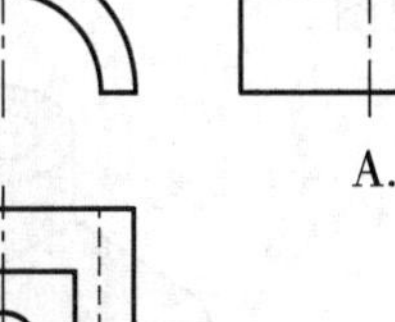

A.

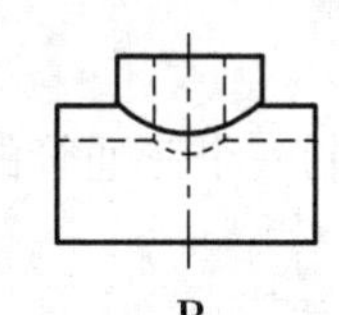

B.

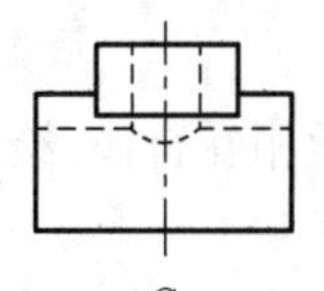

C.

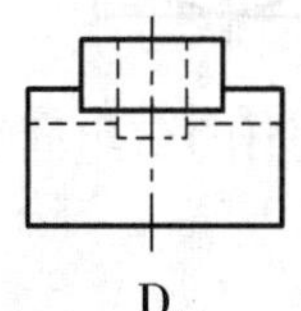

D.

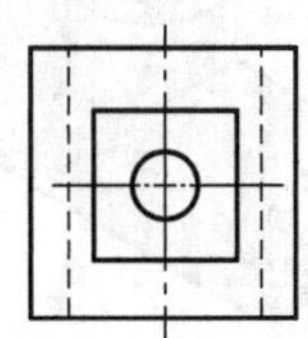

(2)选左视图

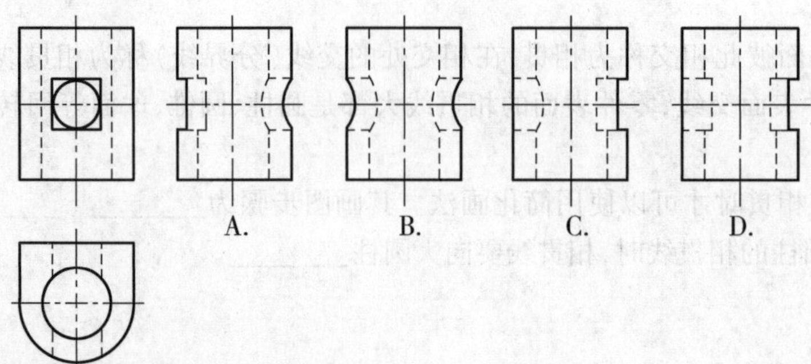

(3)选主视图

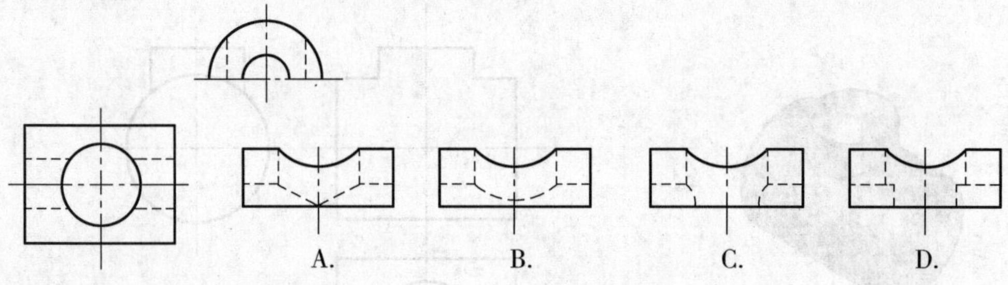

3.利用简化画法求相贯线。

(1)　　　　　　　　　　(2)

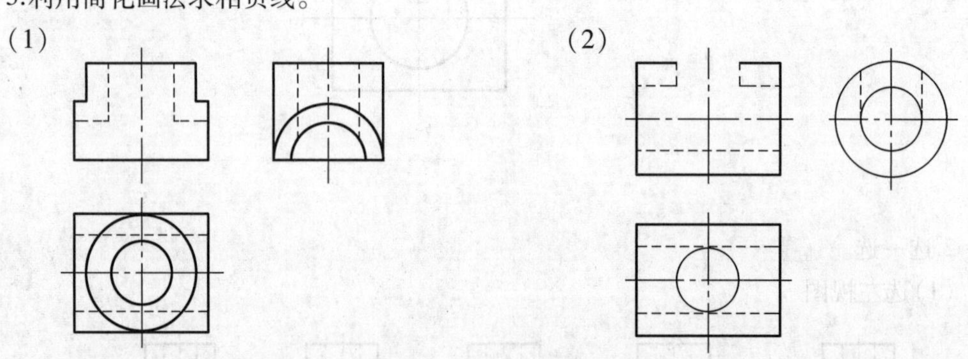

4.(小组合作)每组同学相互合作,绘制一个三通管的三视图。

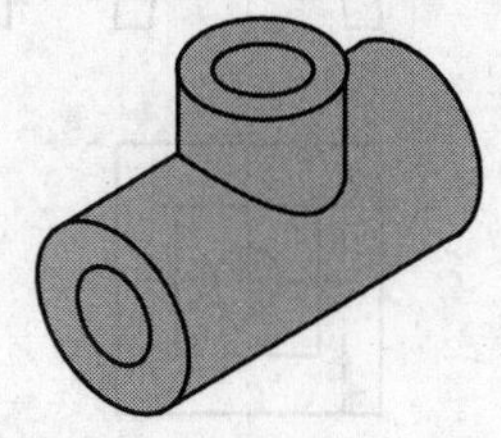

【学习反馈】

通过本堂课的学习你掌握了哪些知识?写下你对本堂课产生的学习疑问。

【课后兴趣作业】

根据形体所给两个视图补画第三个视图。

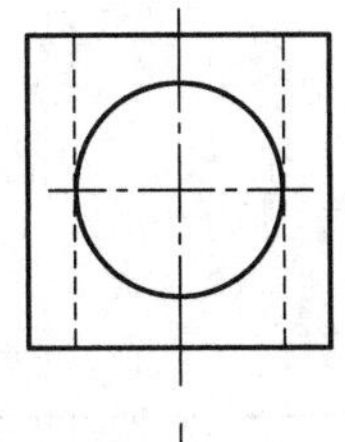

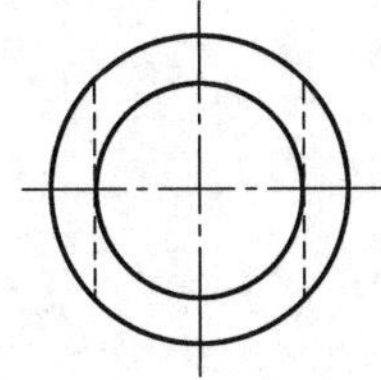

任务 11 绘制叠加类组合体的三视图

【学习目标】

1.会用形体分析法分析叠加类组合体。
2.能正确表达叠加类组合体的三视图。

【学习过程】

一、复习知识

1.三视图间的投影关系有________,________,________。
2.判断如下图所示的三视图属于哪类基本体。

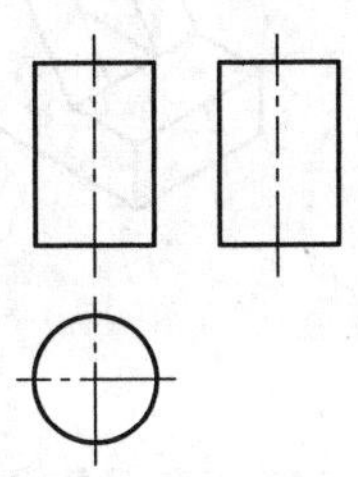

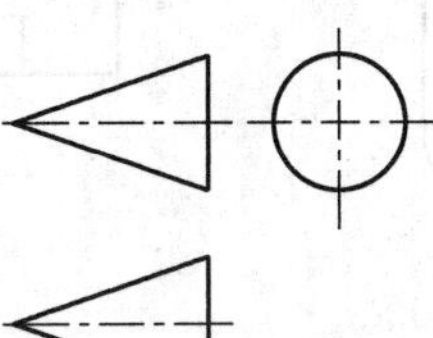

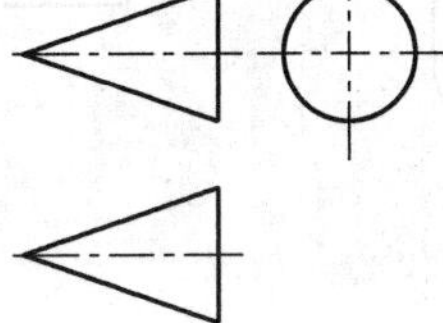

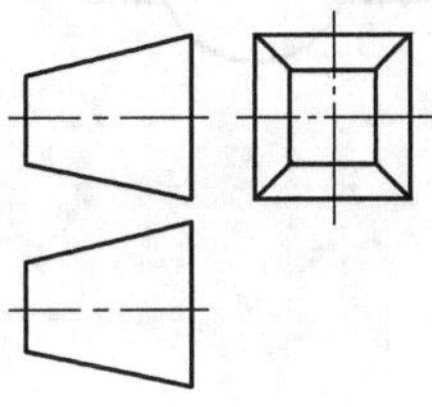

图 1　　图 2　　图 3

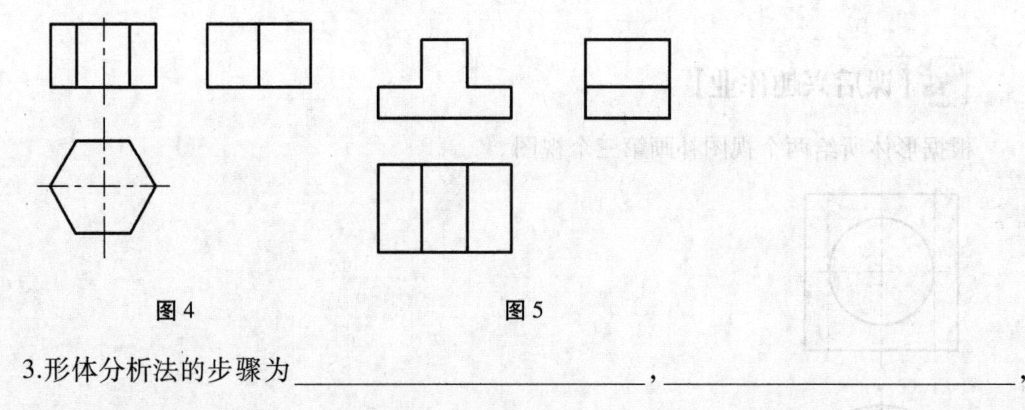

图 4　　　　　　　　　　图 5

3.形体分析法的步骤为____________________，____________________，____________________。

4.组合体上相邻表面之间的连接形式都有哪些？

二、预习导学

1.叠加类组合体三视图绘图的基本方法是______________________________。

2.绘制叠加类组合体的步骤：

(1)分析形体；(2)选择视图；(3)选比例；(4)布置视图；(5)画底稿：应用形体分析法，先画特征视图，后画一般视图，三个视图配合进行。注意：先画主要部分，后画次要部分。

三、任务训练

1.根据轴测图，分析形体并补全三视图所缺线。

(1)　　　　　　　　　　(2)

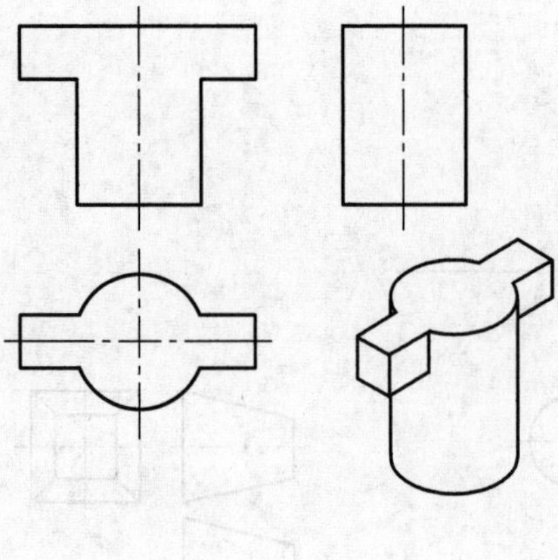

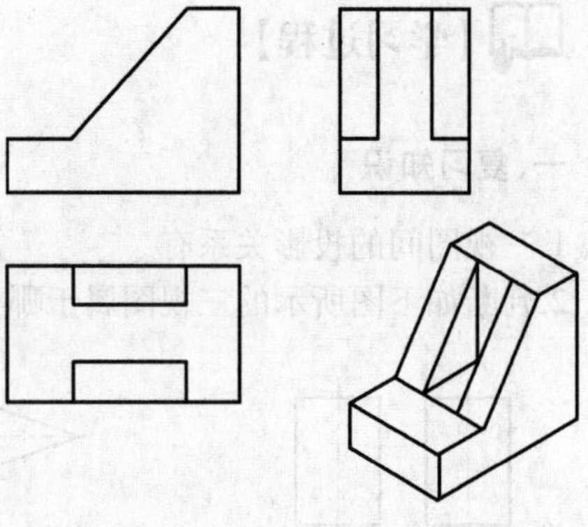

2.根据轴测图,分析形体并补全所缺视图。

(1)　　　　　　　　　　　　(2)

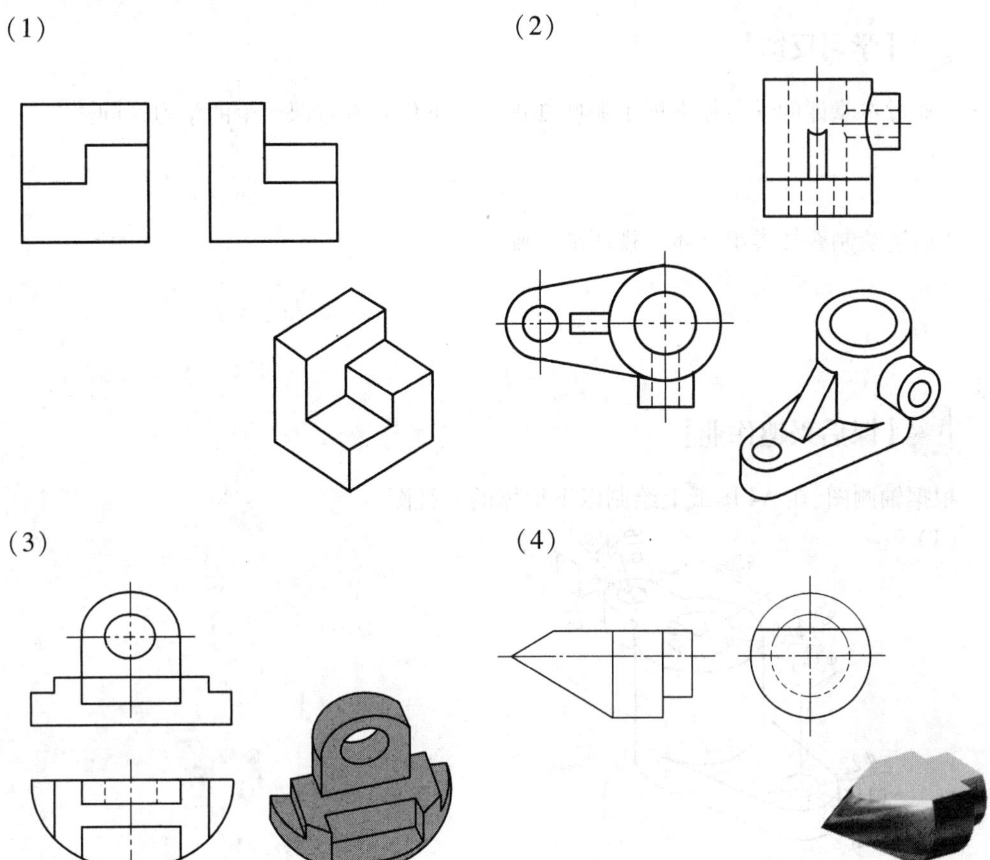

(3)　　　　　　　　　　　　(4)

3.(小组合作)每组同学相互合作,选择下面任意一个组合体,分析并绘制这个组合体的三视图。

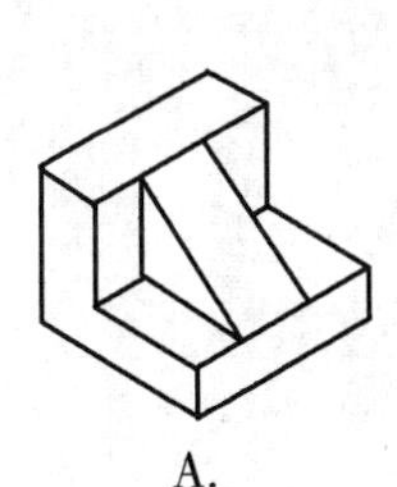

A.

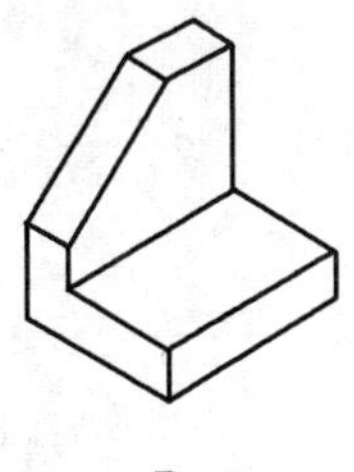

B.

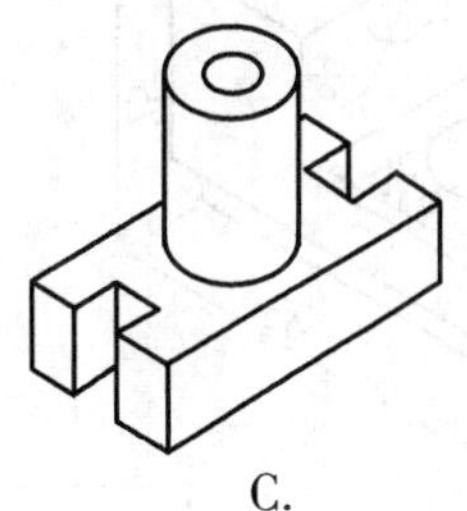

C.

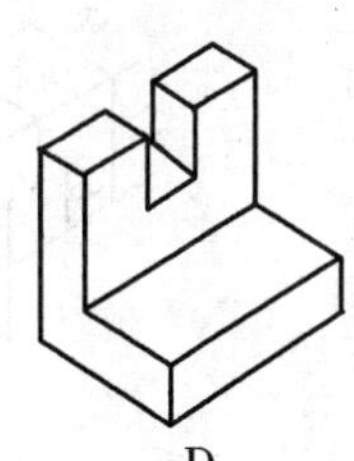

D.

【学习反馈】

1.通过本堂课的学习你掌握了哪些知识？写下你对本堂课产生的学习疑问。

2.简述绘制叠加类组合体三视图的步骤。

【课后兴趣作业】

根据轴测图，在 A4 图纸上绘制以下形体的三视图。

(1)

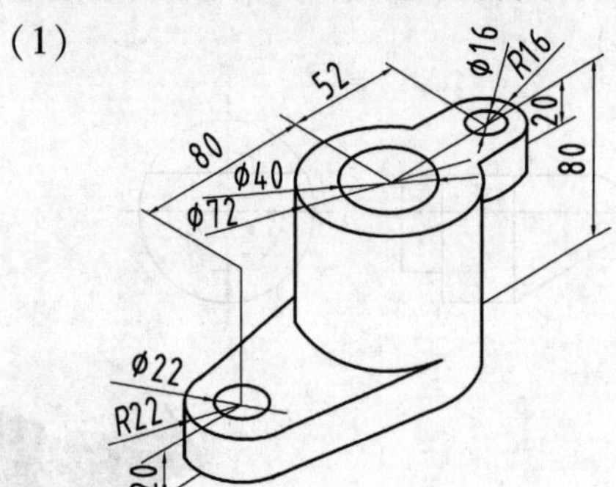

(2)

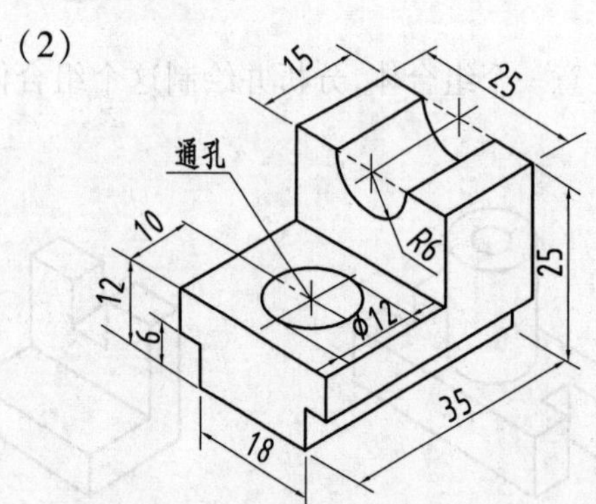

(3)

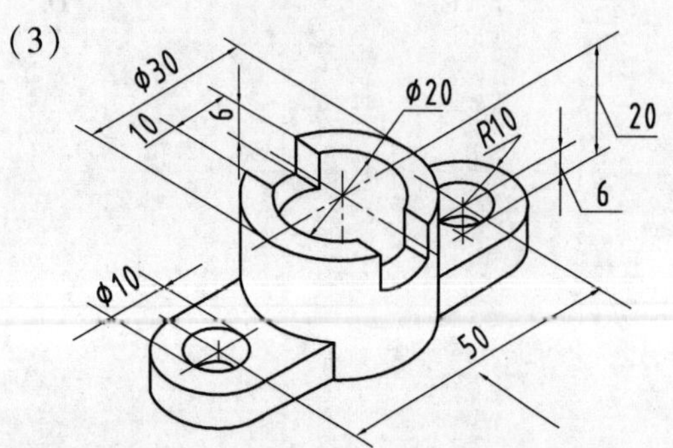

任务12　标注组合体的三视图尺寸

【学习目标】

1.能描述组合体三视图尺寸标注的基本要求和尺寸种类。
2.理解尺寸基准的含义及其选择方法。
3.理解组合体三视图尺寸标注的方法与步骤。
4.能对组合体进行尺寸标注。

【学习过程】

一、复习知识

1.简述尺寸标注的基本规则。

2.简述图样尺寸标注的组成要素及标注要求。

3.简述一些常见结构的尺寸注法。

4.标注下面基本体的尺寸。

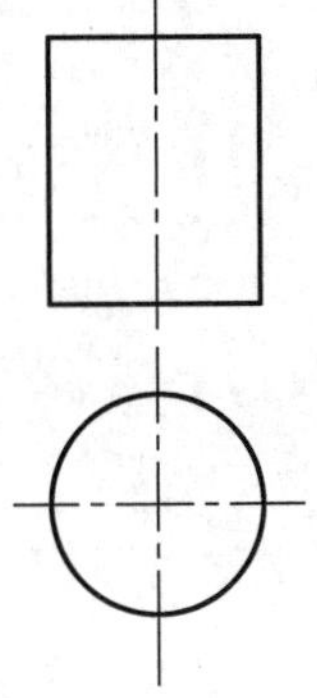
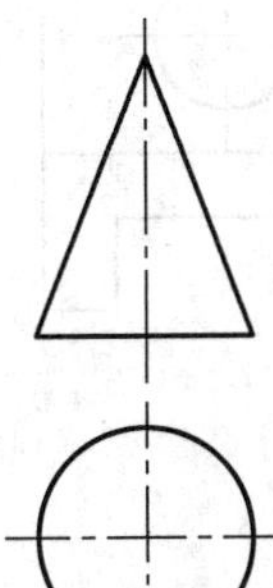
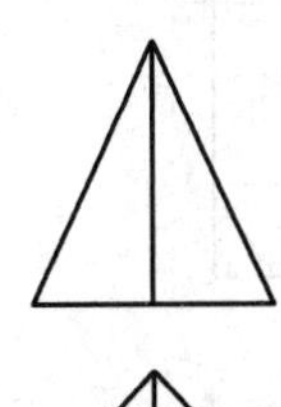
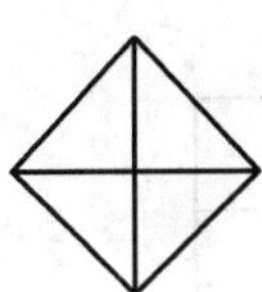
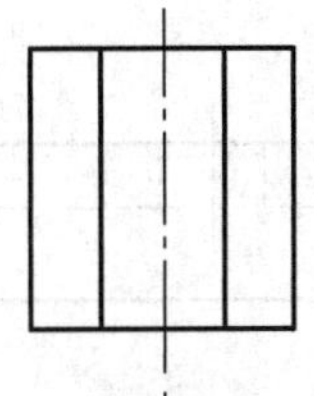
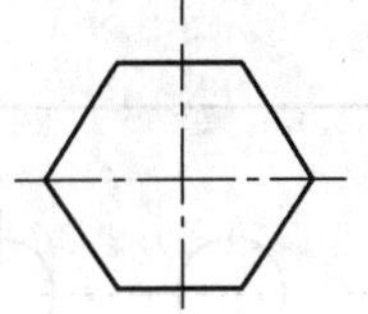

二、预习导学

1.组合体尺寸的基本要求是________,________,________。

2.组合体尺寸分为三类,分别是________,________,________。

3.________,称为尺寸基准。物体的长、宽、高每个方向上至少有________基准。通常以组合体较重要的________、________、________和回转体的________为基准。

4.尺寸的配置要求有________,________,________,________。

5.组合体尺寸标注的方法为________________。其步骤为________,________,________,________,________。

三、任务训练

1.补全三视图中所缺漏的尺寸。

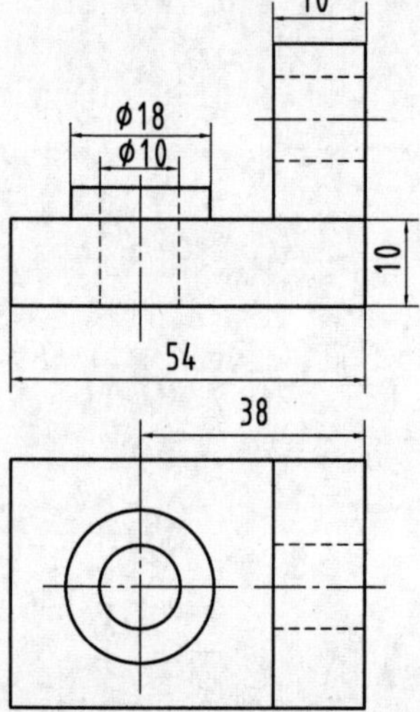

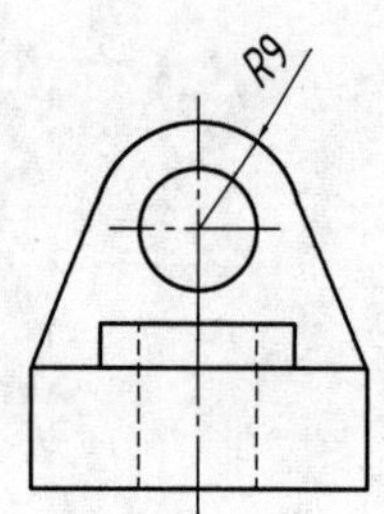

2.分析视图并确定形体三个方向的尺寸基准,并标注形体的尺寸,尺寸数字从图中量取。

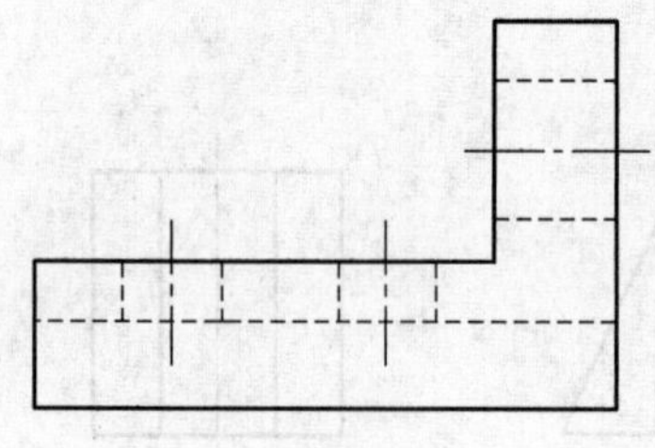

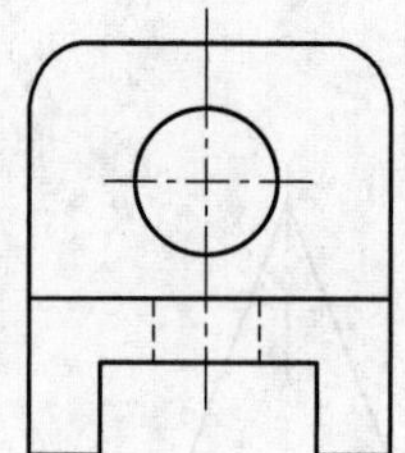

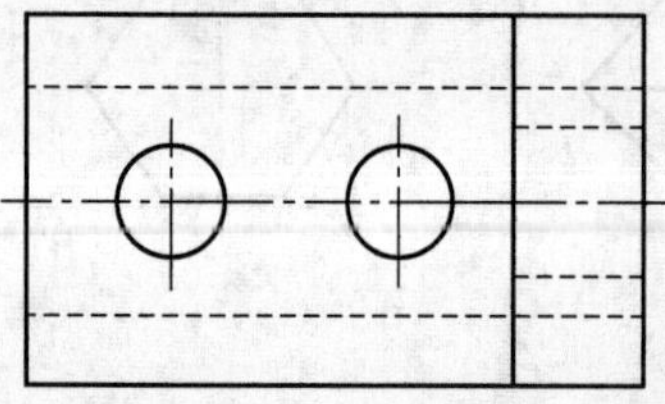

3.(小组合作)每组同学相互合作,标注轴承座组合体三视图的尺寸。

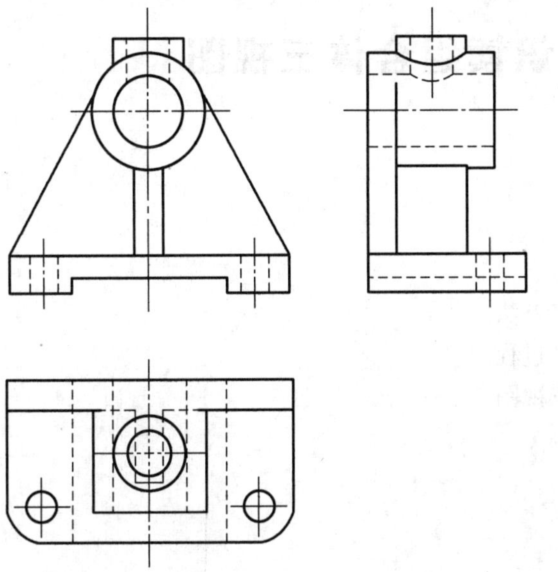

【学习反馈】

通过本堂课的学习你掌握了哪些知识?写下你对本堂课产生的学习疑问。

【课后兴趣作业】

标注形体的尺寸(尺寸数字从图中按比例1:1量取,取整数)。

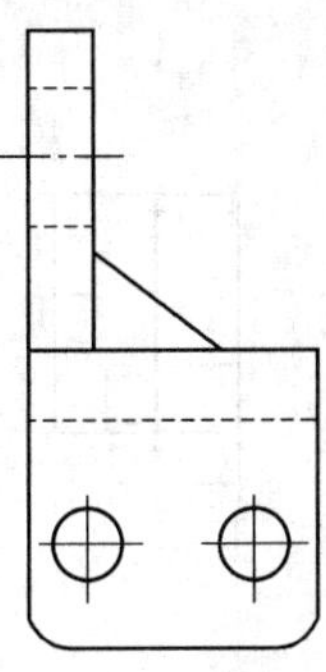

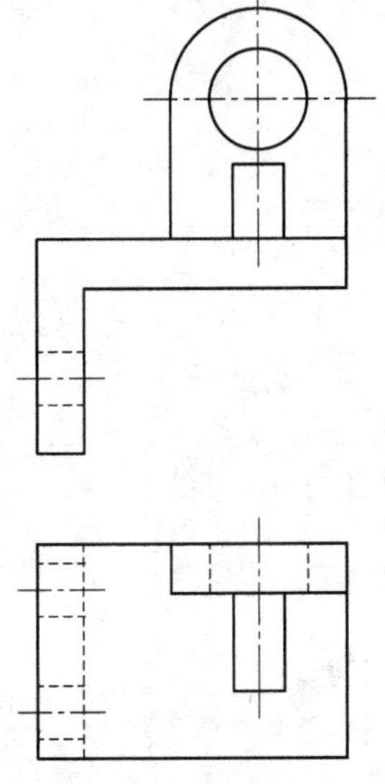

任务13　识读组合体三视图

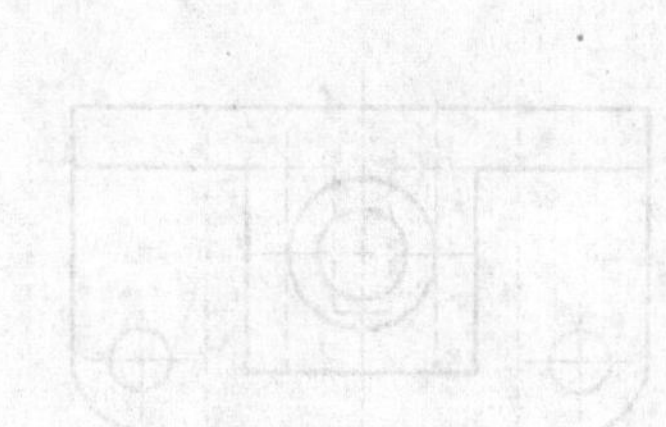

【学习目标】

1.能描述识读组合体三视图的基本方法。
2.理解图形到形体这一空间的思维过程。
3.会运用形体分析法识读组合体三视图。

【学习过程】

一、复习知识

1.复习基本体三视图的相关知识。
2.组合体分为哪几种形式?

3.画组合体三视图时应采用什么方法?步骤是什么?按什么原则绘制?

4.三视图分别表示形体的什么方位和尺寸?

5.填写如下图所示三视图的尺度与方位。

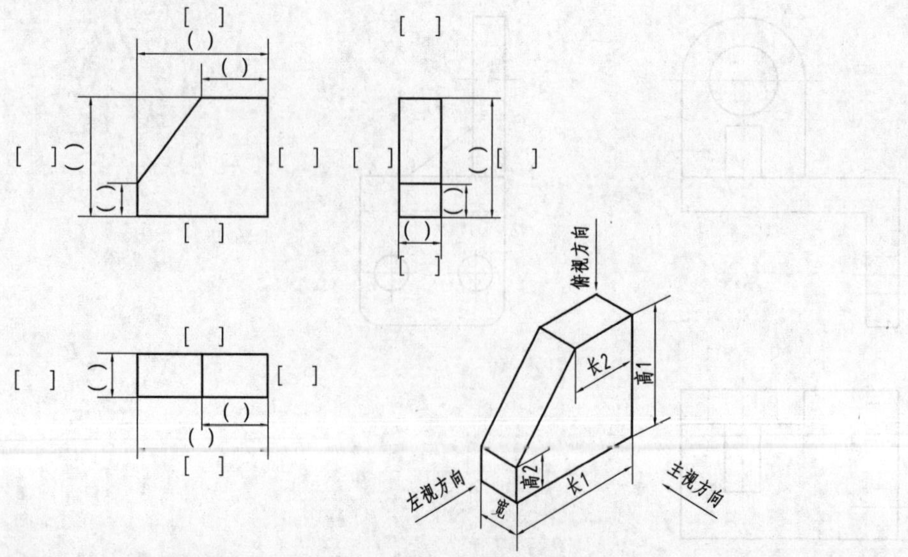

6.轴测图有哪几种?

二、预习导学

1.读图的基本要领有________,________,________。

2.读图的基本方法为________________________。

3.绘制下面形体的轴测草图。

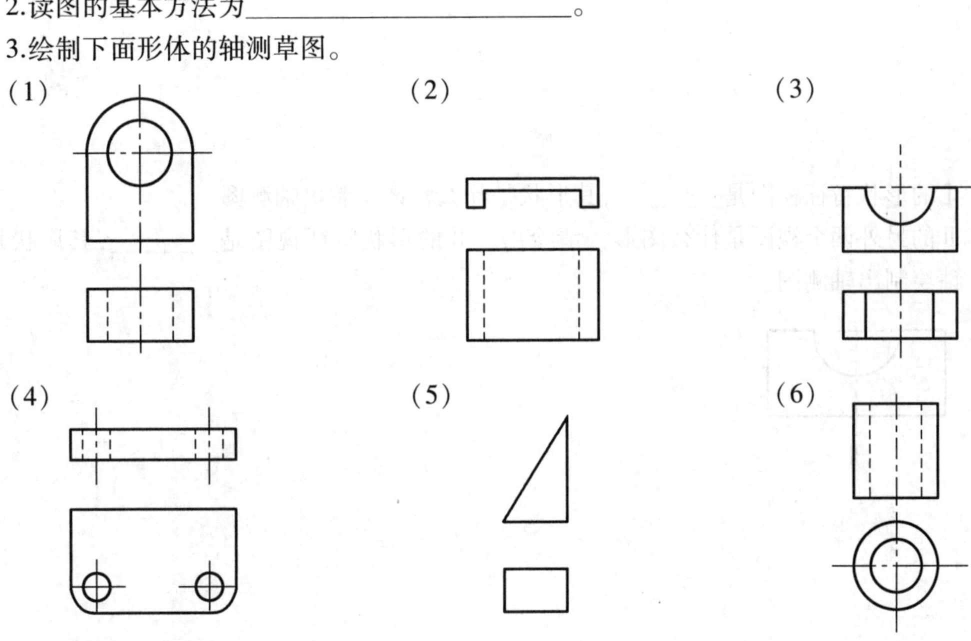

4.形体分析法是指在______________________________的思考方法。

5.读图时,如何将一个复杂的形体分为若干个基本形体呢?

(1)在反映形体特征比较明显的主视图上按线框将组合体划分为几个部分。如下图所示支座的三视图应如何划分?

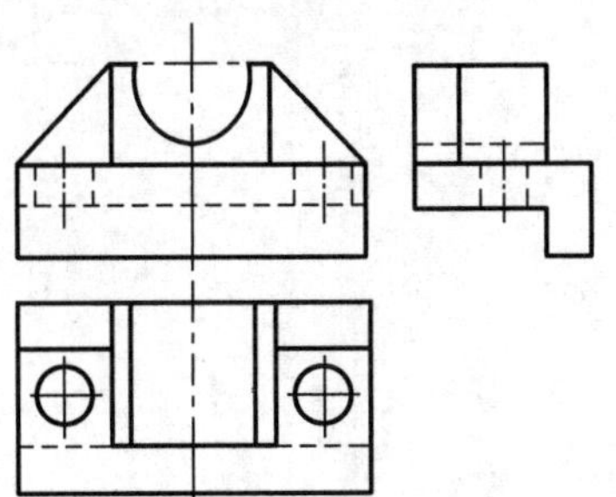

(2)利用投影关系,找出各线框在其他视图中的投影,分析后想出各部分的形状。

Ⅰ的另外两个视图是什么图形?请绘出。

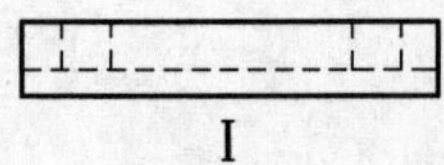

Ⅰ的形状特征视图是________,其形状是什么?请绘制出轴测图。

Ⅱ的另外两个视图是什么图形?请绘出。Ⅱ的形状特征视图是________,其形状是什么?请绘制出轴测图。

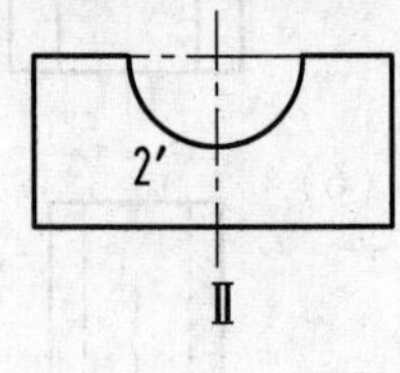

Ⅲ、Ⅳ的另外两个视图是什么图形?请绘出。它们的形状特征视图是________,形状是什么?请绘制出轴测图。

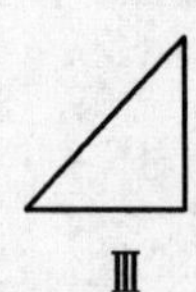

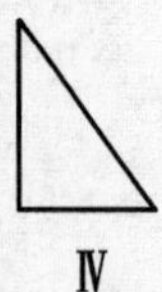

(3)分析它们的相对位置和表面连接关系。

Ⅱ在Ⅰ的(上、下),(左、右、居中)与(前、后)平齐(相贴、相切、相交),Ⅲ在Ⅰ(上、下),在Ⅱ(左、右),Ⅳ在Ⅰ(上、下),在Ⅱ(左、右)。

(4)综合起来想象组合的整体形状。

6.如何绘制叠加类组合体的轴测图呢?

三、任务训练

1.根据三视图,指出下图中相应的轴测图。

(1) (2) 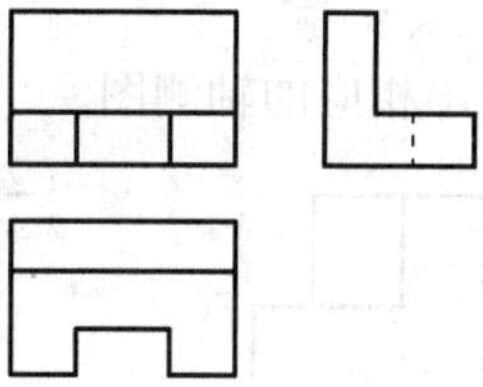 (3)

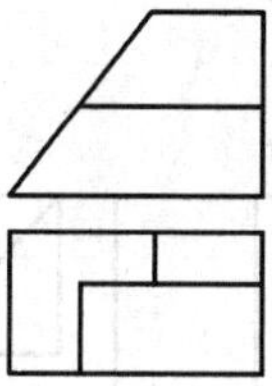

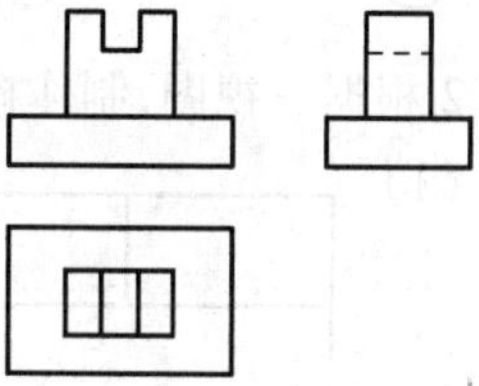

(4) 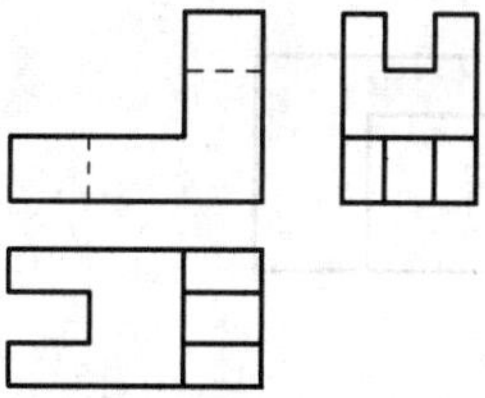 (5) 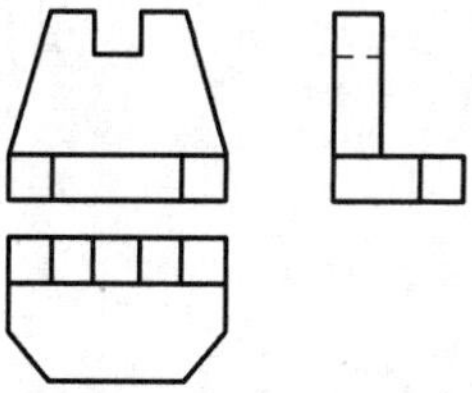 (6)

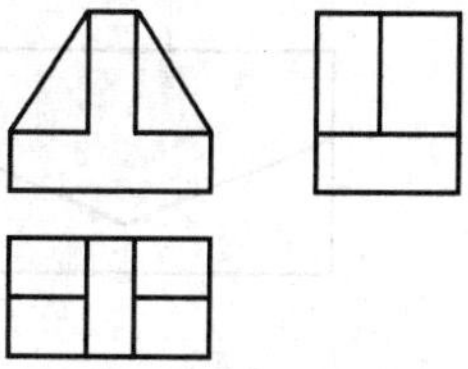

(7) 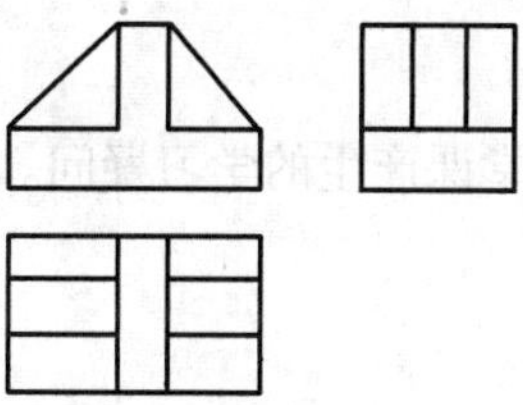 (8) 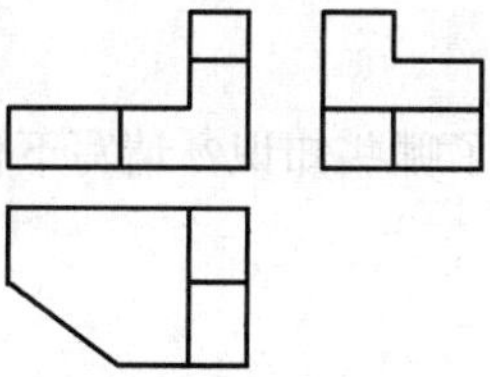 (9)

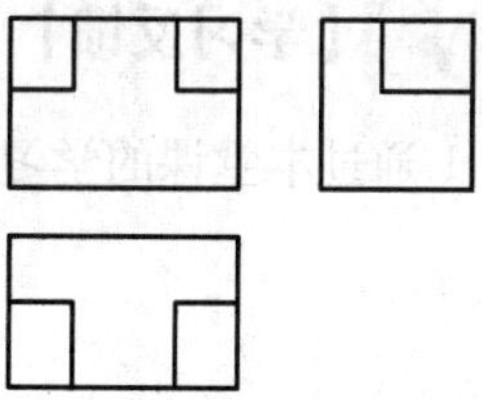

(10) 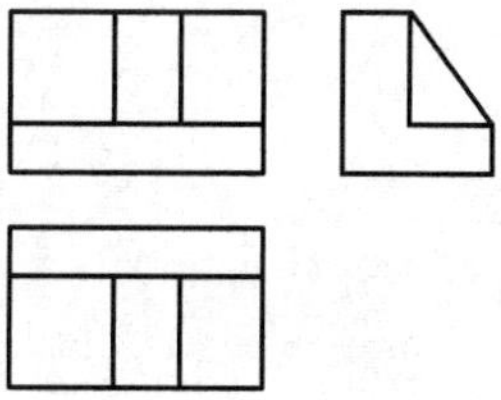 (11) 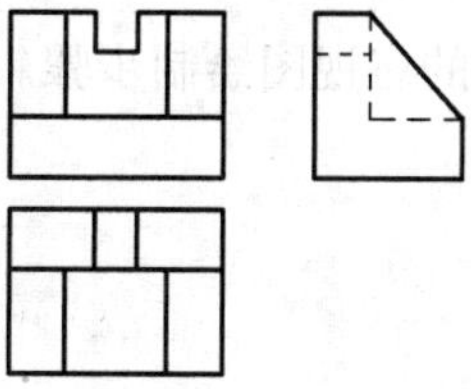 (12)

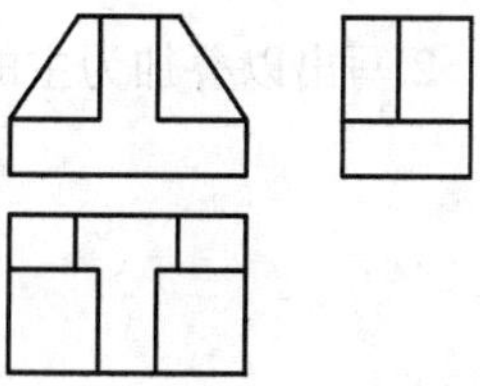

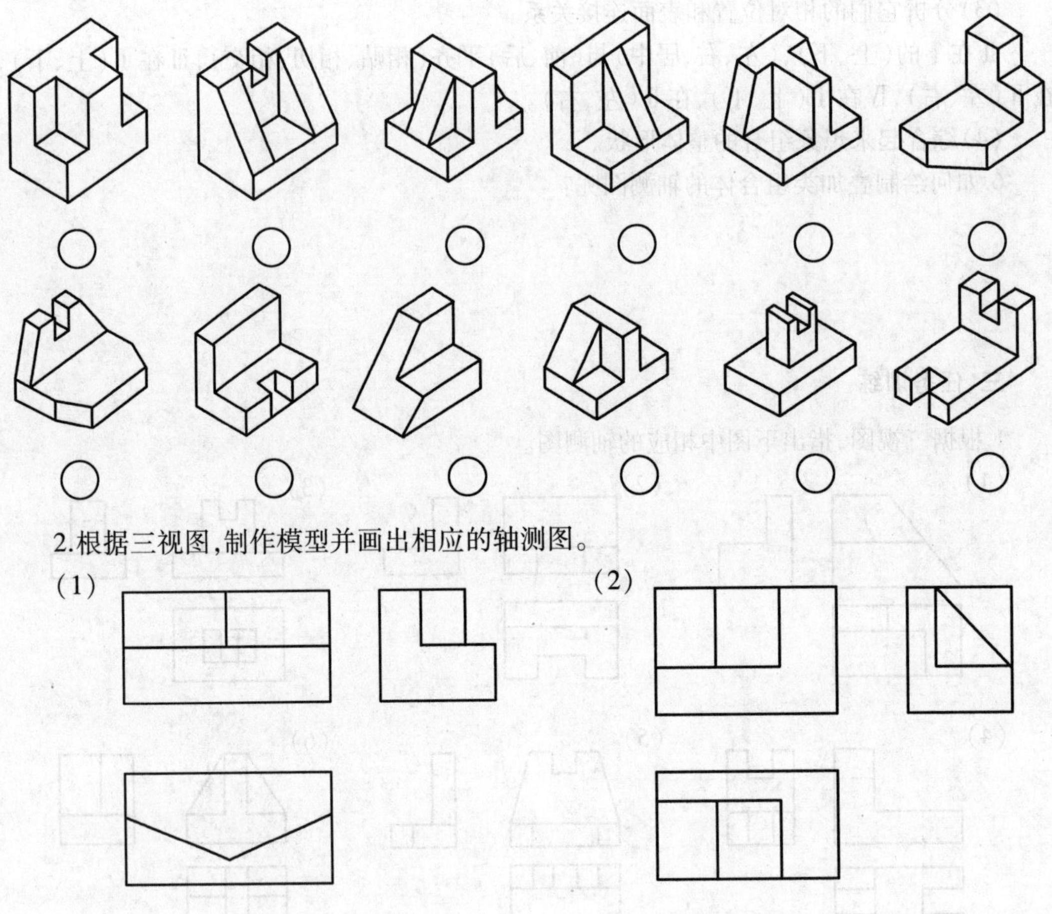

2.根据三视图,制作模型并画出相应的轴测图。

(1)　　　　　　　　　　　　　　　　(2)

【学习反馈】

1.通过本堂课的学习你掌握了哪些知识？请写下你对本堂课产生的学习疑问。

2.写出以叠加为主的组合体的三视图绘制步骤。

【课后兴趣作业】

根据形体的三视图,制作模型并绘制其正等轴测图。

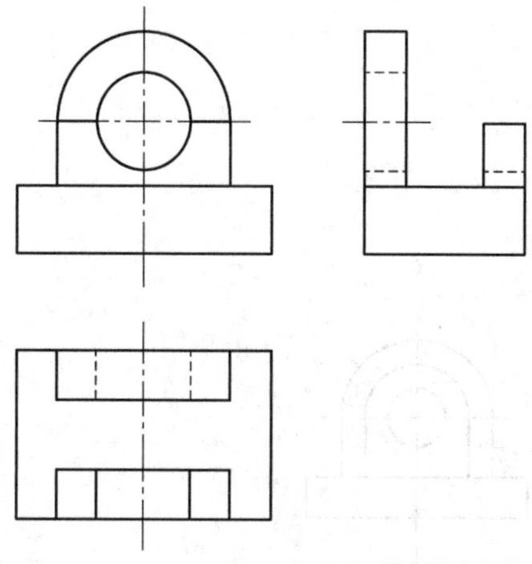

任务 14　识读组合体三视图(补漏线)

【学习目标】

1.理解线面分析法在读图中的实际应用。
2.会综合运用两种读图方法读较复杂的组合体视图。
3.能运用形体分析法读懂组合体视图,会补画第三视图。
4.能运用形体分析法读懂组合体视图,会补画视图缺线。

【学习过程】

一、复习知识

1.简述三视图的投影规律。

2.简述读图的基本要领。

3.简述用形体分析法读图的步骤。

4.轴测图有哪几种？绘制轴测图的方法有几种？

二、任务训练

1.根据给出的视图，补画第三视图。

（1）

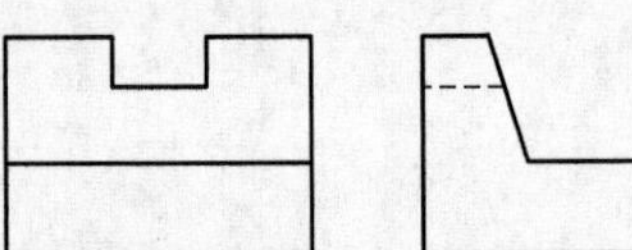

（2）

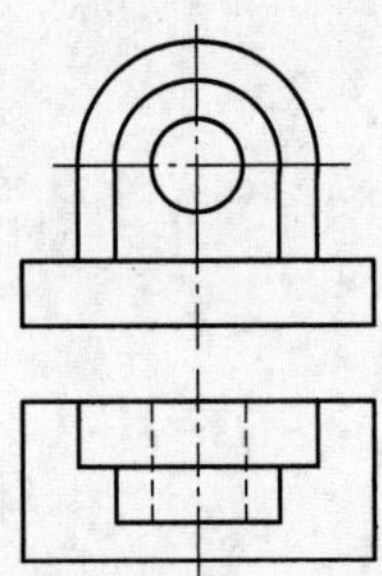

2.根据给出的视图，补画视图中所缺的图线。

（1）

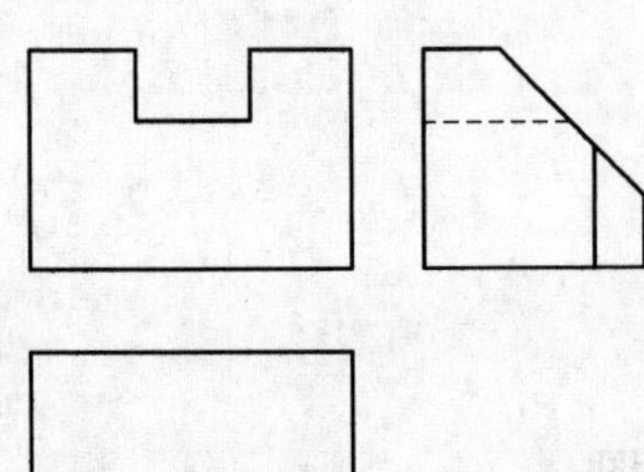

（2）

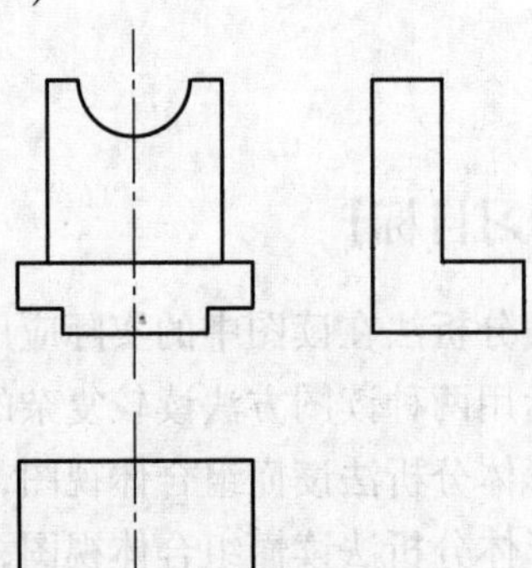

（3）

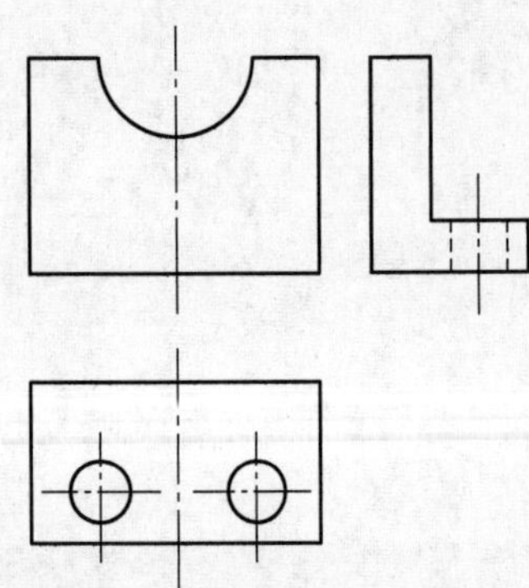

（4）

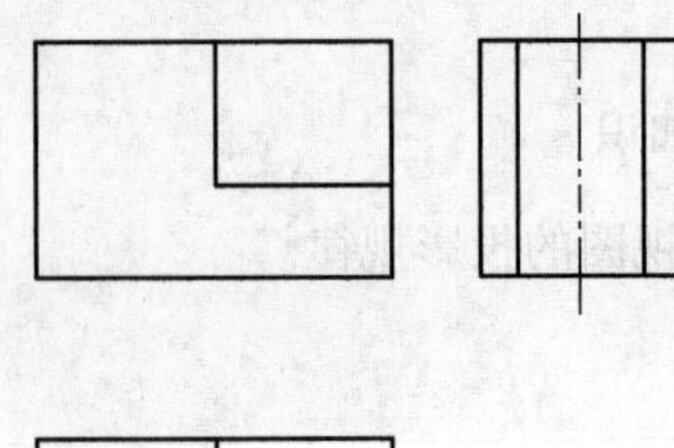

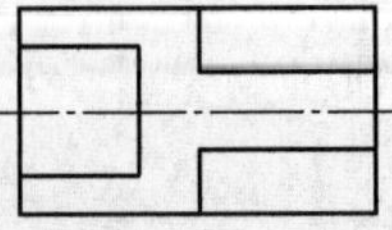

【学习反馈】

通过本堂课的学习你掌握了哪些知识？请写下你对本堂课产生的学习疑问。

【课后兴趣作业】

1.根据形体的三视图,制作模型并绘制其正等轴测图,同时补画第三视图。

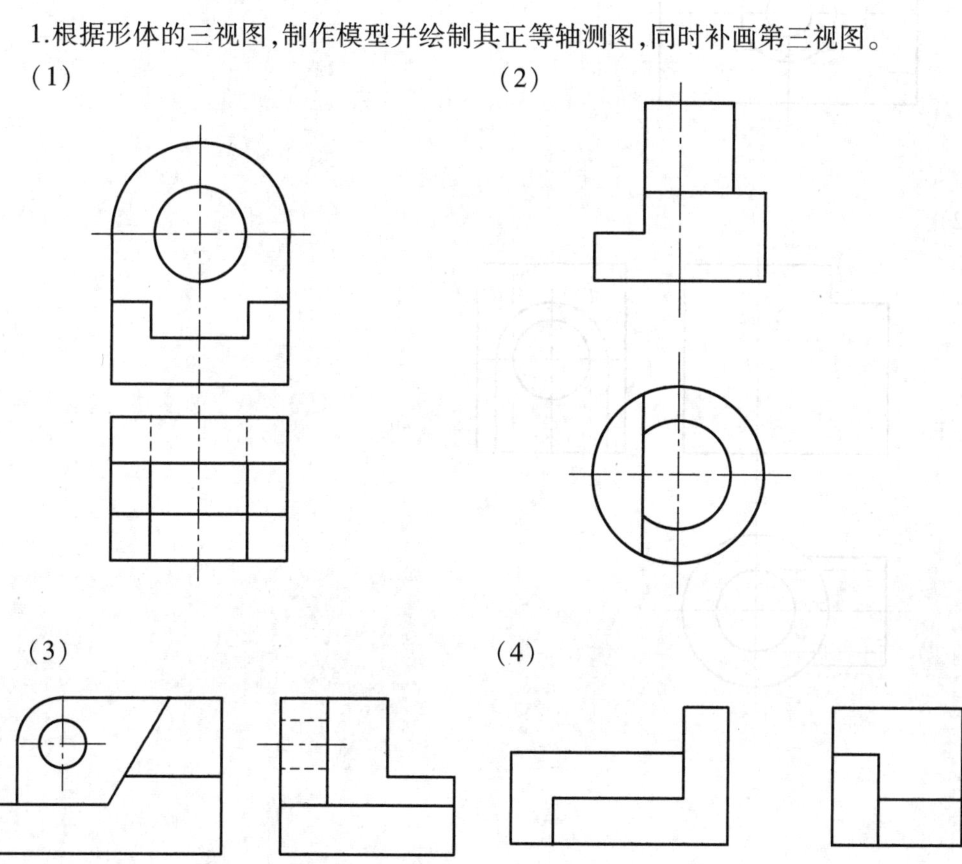

2.根据形体的三视图,制作模型并绘制其正等轴测图,同时绘出补漏线。

(1)

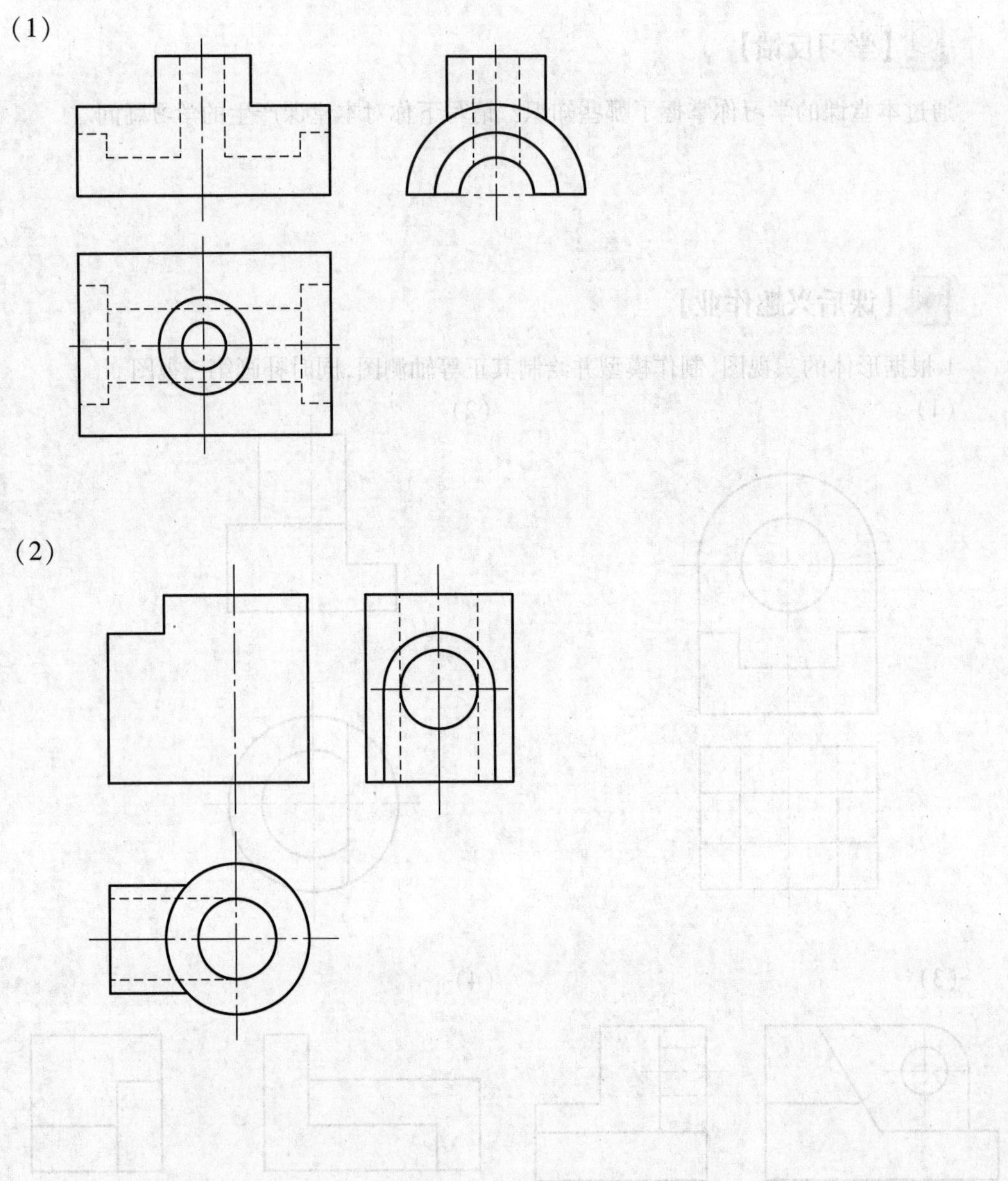

(2)

模块三

任务1　认识零件图

【学习目标】

1.能描述零件图的内容、作用以及零件加工工艺结构的结构特征。
2.理解零件图表达方案的选择原则和方法。

【学习过程】

一、复习知识

1.前面学过哪些形体的三视图?

2.组合体有哪些形式?

3.绘制组合体三视图的主要方法是________________________。

二、预习导学

(一)零件图的内容和作用
1.零件图是________和________零件的主要依据。
2.________表示零件的结构形状、大小和有关技术要求,并根据它加工零件。
3.一张完整的零件图应包括________、________、________、________。
(二)零件的工艺结构
1.零件上有一些为满足工艺需要的结构,称为工艺结构。一般指 ____________、____________等。
2.铸造工艺结构有________(在图中可以不标,也不一定绘出,必要时在技术要求中用文字表达)、________(一般为R3—R5,在图上一般不标注,用文字写在技术要求中)等。
3.机械加工工艺结构有________(为了去除零件的毛刺、锐边和便于装配)、________(为了避免因应力集中而产生裂纹)、________(便于刀具退刀或使砂轮可以稍稍越过加工面)等。
4.识读钻孔结构。
右图是一个________,其底部存在一个________的锥角。

d
h

(三)零件图表达方案的选择
1.零件的结构是通过零件图的____________________表达。视图选择应考虑两点:____________________、____________________。

2.选择主视图时，回转体类零件(如轴、套、盘等)一般按________放置，非回转体类零件(如支座、箱体类等)一般按________放置。

3.主视图应________作为主视图的投射方向。

4.选择视图时，应优先选用________及在基本视图上作________。在完整、清晰表达零件结构形状的前提下，尽量减少________，力求________。

5.零件图视图选择的步骤为________________、________________、________________。

6.零件图主视图选择的步骤为________________、________________、________________。

三、任务训练

1.指出下面零件的工艺结构名称。

C2

φ20

4×2

35

C2 表示________，4×2 表示________，退刀槽直径是________。

2.填写工艺结构名称。

3.根据轴测图选择表达方案。(合理方案：________，原因：________________)

A A B B A—A C C C—C

方案一 方案二

【学习反馈】

1.请写下你对本堂课产生的学习疑问及你的课堂提问。

2.通过本堂课的学习你掌握了哪些知识？哪些方面还需改进？

任务2　全剖视图1

【学习目标】

1.能描述各种剖视图的形成过程及名称。
2.能描述剖面符号的画法及剖视图标注的内容和方法。
3.理解剖视图的形成过程及其与视图的联系与区别。
4.理解画剖视图的注意事项及省略标注的场合。
5.能根据已知视图，改画为剖视图并能对剖视图进行正确标注。
6.能根据轴测图(实物)，绘制相关剖视图。

【学习过程】

一、复习知识

1.零件图的内容有________、________、________、________。

2.零件图视图选择的步骤为________、________、________。

3.零件图主视图选择的步骤为________、________、________。

4.在工程上，假设把物体放在观察者与投影体系之间，根据有关标准和规定按________法画出的物体图形，称为视图。各视图应遵循________长对正，________高平齐，________宽相等。

二、预习导学

1.剖视图的形成包括________、________、________。

2.用剖切面完全地剖开物体所得的剖视图称为________图。它适用于________比较复杂、________比较简单的零件。

3.画剖视图的步骤为________、________、________、________。

4.一组视图中,当一个视图画成剖视图后,其他视图的正确画法是(　　)。

A.剖去的部分不需要画出

B.也要画成剖视图,但应保留被剖切的部分

C.完整性不受影响,是否取剖应视需要而定

D.上述三种方法都是错误的

三、任务训练

1.将主视图画成全剖视图。

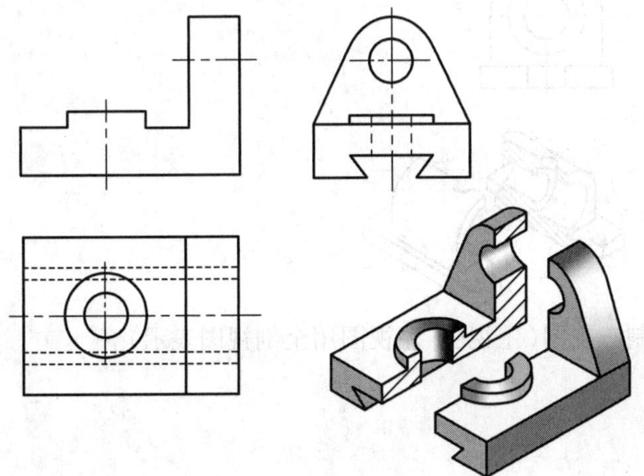

2.将主视图改画为全剖视图。

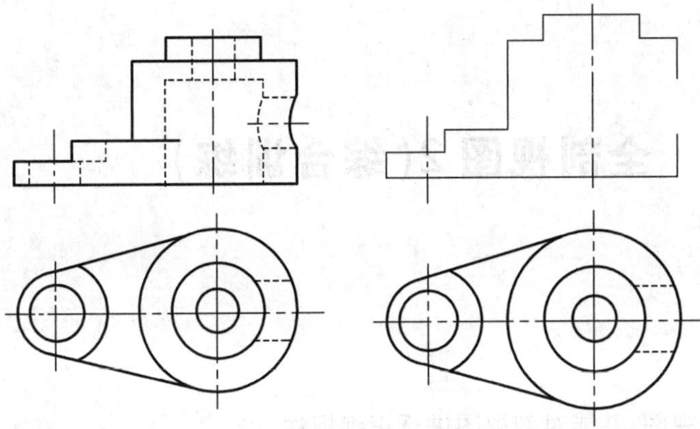

【学习反馈】

1.请写下你对本堂课产生的学习疑问及你的课堂提问。

2.通过本堂课的学习你掌握了哪些知识？哪些方面还需改进？

【课后兴趣作业】

1.在指定位置画出 *A*—*A* 全剖主视图。

A—*A*

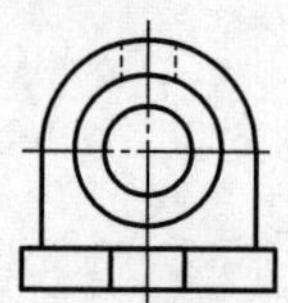

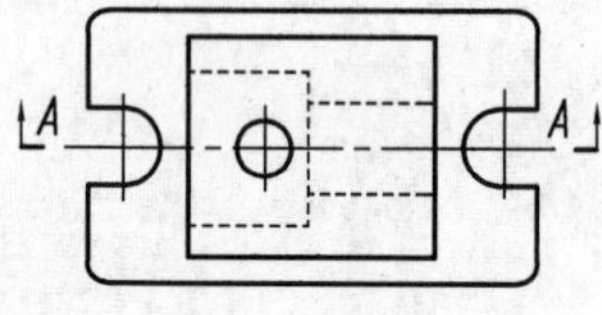

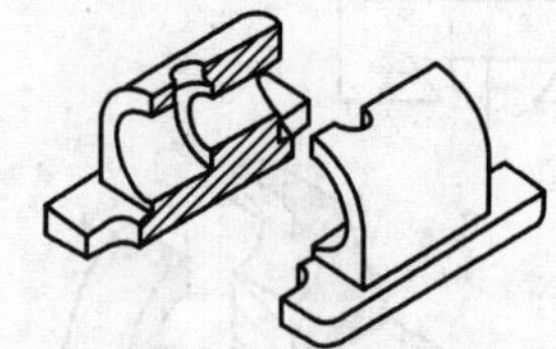

2.根据轴测图,用 A4 图纸绘制三视图(主视图、左视图用全剖视图表示)。

任务 3　全剖视图 2(综合训练)

【学习目标】

1.能根据已知视图绘制剖视图,并能对剖视图进行正确标注。

2.能根据已知视图选择第三视图。

【学习过程】

一、复习知识

1.用剖切面完全地剖开机件所得的视图称为________视图。

2.画剖视图时应注意:①剖视图是假想剖切的,所以其他的相关视图仍________。②可见轮廓要________:剖切面后的可见结构,按投影关系应全部画出。

3.剖视图的标注三要素为________、________、________。

二、预习导学

1.机件上的肋、轮辐和薄壁如纵向剖切时都________,此时需用________将它们与相邻的结构分开,但横向剖切时需画剖面符号。

2.当机件上均匀分布的肋、轮辐和孔等结构不处于剖切平面上时,可将这些结构加________上后绘制出。

3.选择正确的全剖左视图。

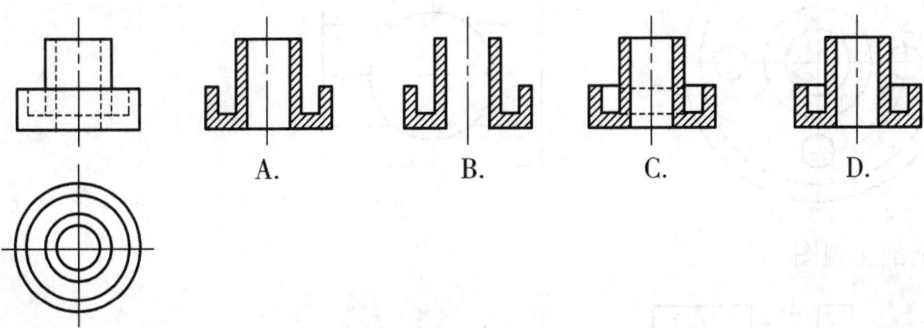

4.选择正确的全剖左视图。

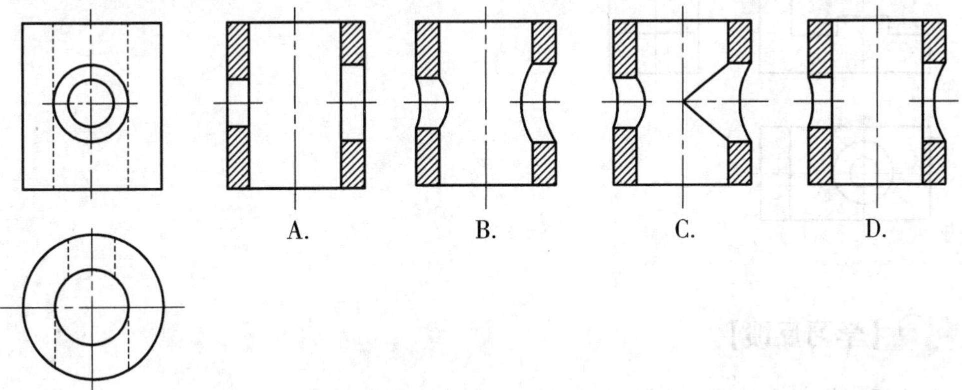

5.已知立体的主、俯视图,正确的全剖主视图为________。

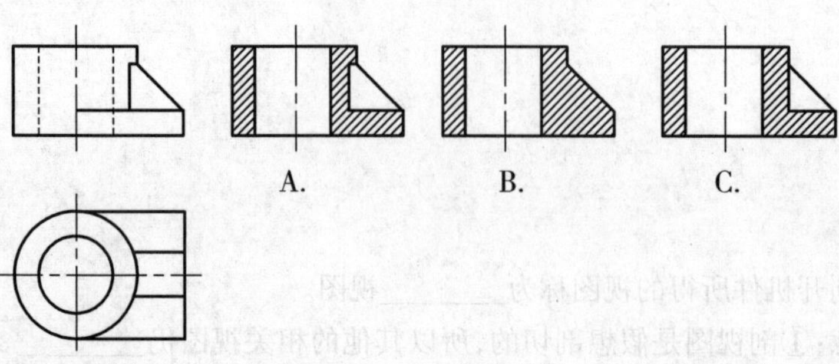

三、任务训练

1.补全剖视图中所缺轮廓线及剖面线。

(1) (2)

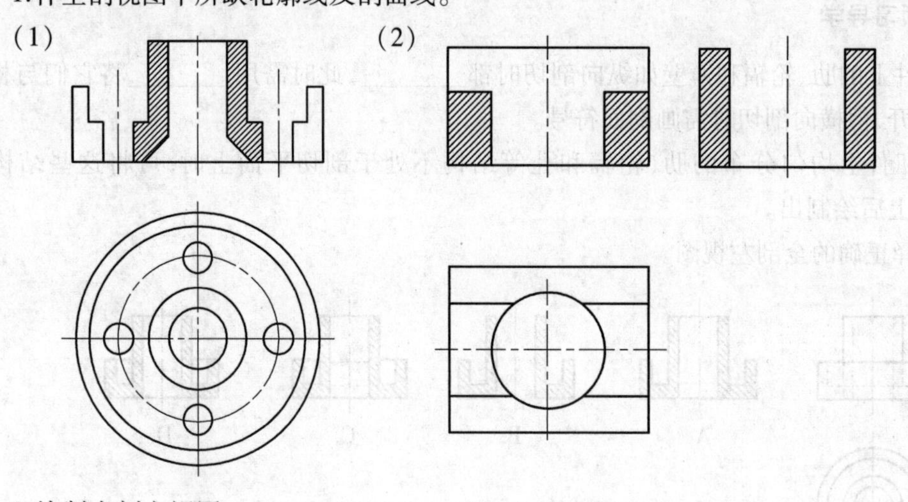

2.绘制全剖主视图。

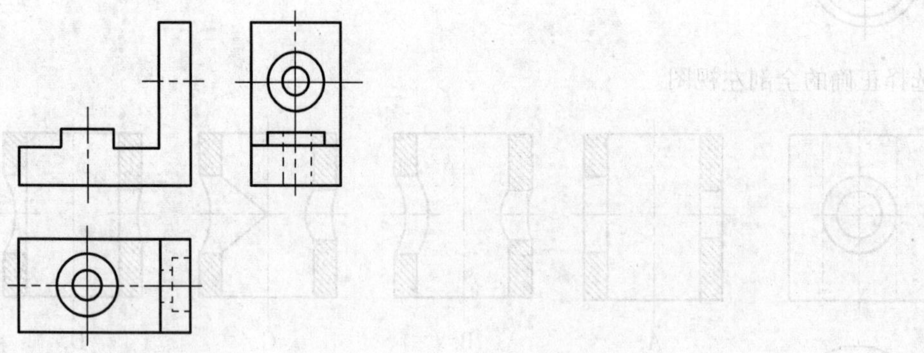

【学习反馈】

1.请写下你对本堂课产生的学习疑问及你的课堂提问。

2.通过本堂课的学习你掌握了哪些知识？哪些方面还需改进？

【课后兴趣作业】

1.看懂主视图和俯视图,作出全剖的左视图。

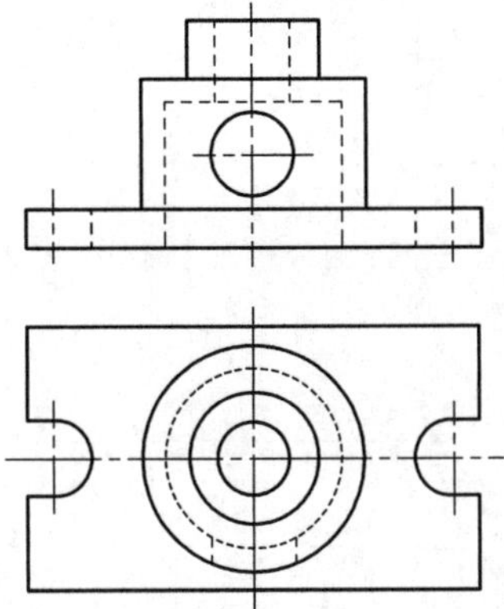

2.作 C—C 的剖视图。

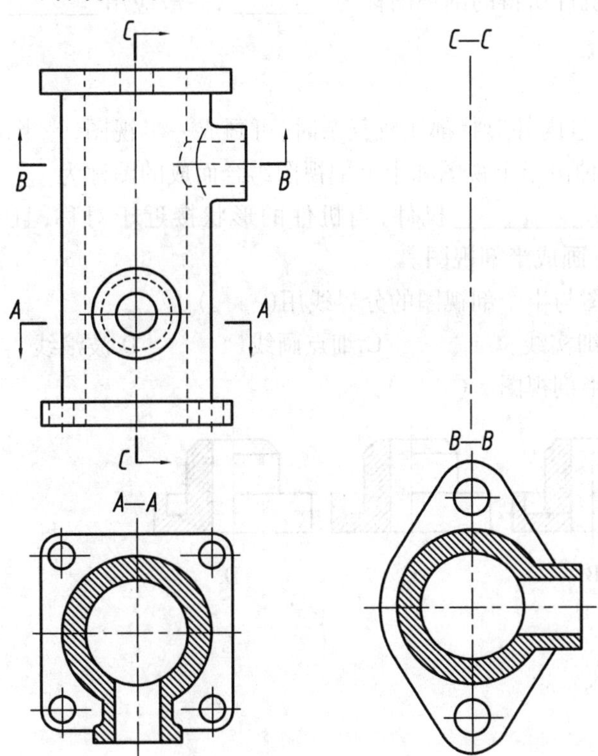

任务4　绘制半剖视图

【学习目标】

1.能描述半剖视图的形成及定义。
2.理解半剖视图的画法、适用场合及标注。
3.能绘制和识读半剖视图。

【学习过程】

一、复习知识

1.按剖切范围的大小,剖视图可分为________、________、________。
2.用剖切面完全地剖开机件所得的剖视图称为________,一般应用________。

二、预习导学

1.当机件具有对称平面,且内外形状都比较复杂时,可画成一半视图,一半剖视图,就可把内外形状都表达清楚。这种由半个视图和半个剖视图组合而成的图称为________。

这种图主要用于________________机件,当机件的形状接近于对称,且不对称部分________表达清楚时,也允许画成半剖视图。

2.在半剖视图中半个视图与半个剖视图的分界线用(　　)。

A.粗实线　　B.细实线　　C.细点画线　　D.波浪线

3.在下图中选出正确的半剖视图。(　　)

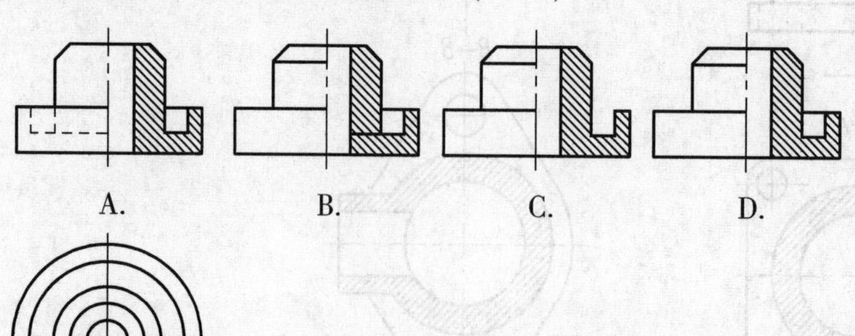

4.在下图中选出正确的半剖视图。(　　)

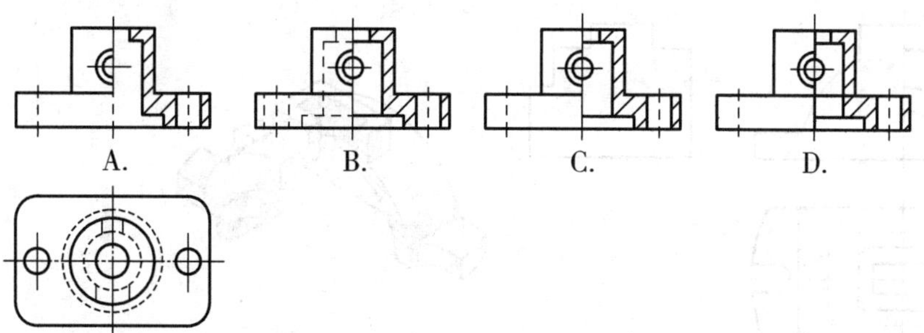

5.在下图中选出正确的半剖视图。(　　)

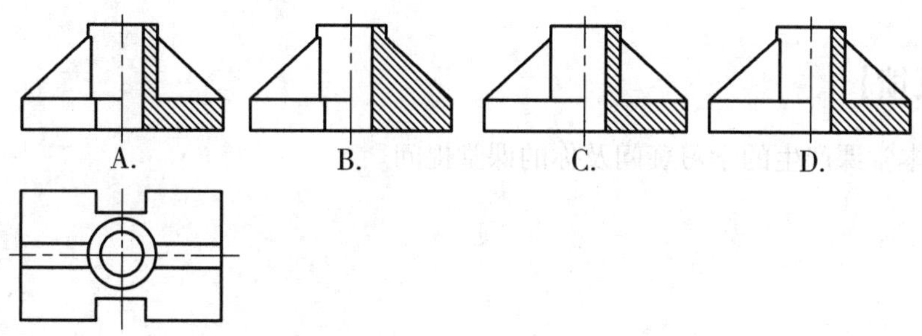

三、任务训练

1.补全视图中的漏线。

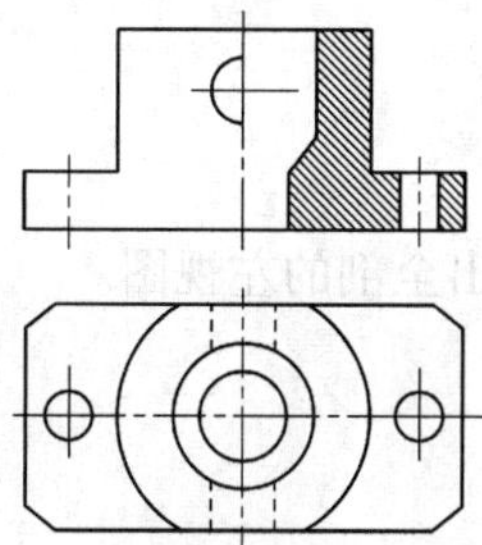

2.在给定的位置上,将下图中的主视图改画成半剖视图。

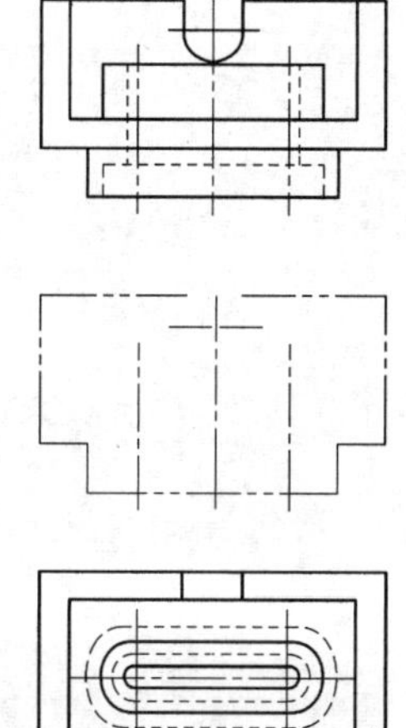

3.将主视图画成半剖视图,左视图画成全剖视图。

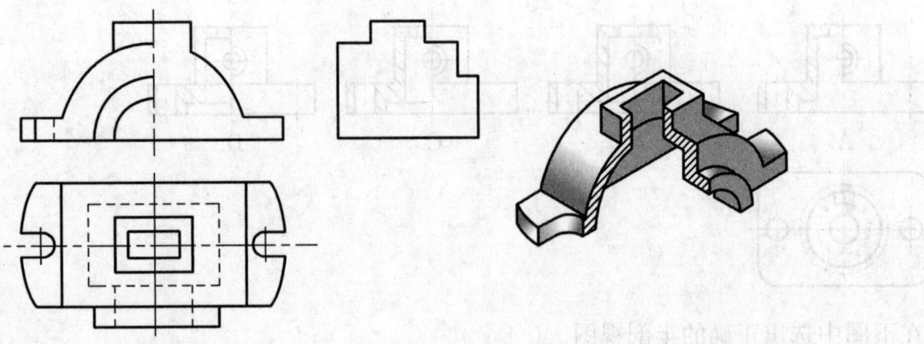

【学习反馈】

1.请写下你对本堂课产生的学习疑问及你的课堂提问。

2.通过本堂课的学习你掌握了哪些知识?哪些方面还需改进?

【课后兴趣作业】

根据给定的视图,在指定位置将主视图改画为半剖视图,并画出全剖的左视图。

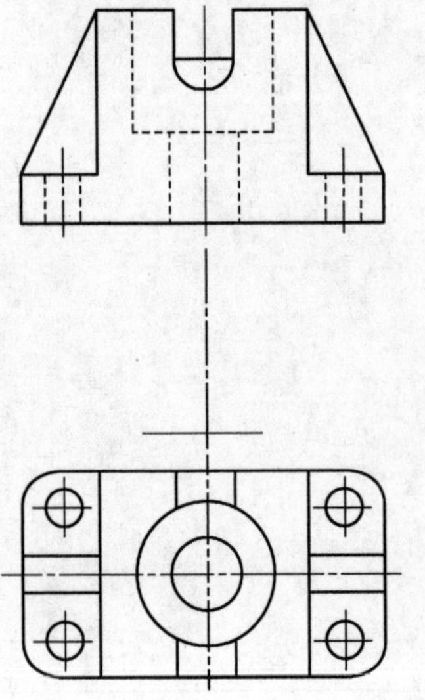

任务5　识读零件图的尺寸

【学习目标】

1.理解零件尺寸的合理标注方法。

2.学会选择尺寸基准并能正确识读零件图的尺寸。

【学习过程】

一、复习检测

1.图形只能确定物体的形状，而其大小由________决定。

2.机件上的真实大小应该以图样上标的________为依据，与图形的大小及绘图的准确度无关。图样中的尺寸以________为单位时不必标注单位，图样中所标注的尺寸，为该图样所示机件的________，机件的每一尺寸，一般只标注________，并应标注在________。

3.标注尺寸由________、________、________三要素组成。

4.组合体尺寸标注的基本要求为________、________、________。

5.基本体的大小通常由________、________、________三个方向尺寸确定。

6.组合体尺寸包括________、________、________。

7.尺寸布置应注意________、________、________。

8.标注组合体尺寸的步骤和方法是什么？

9.指出图中尺寸标注的错误并对其改正。

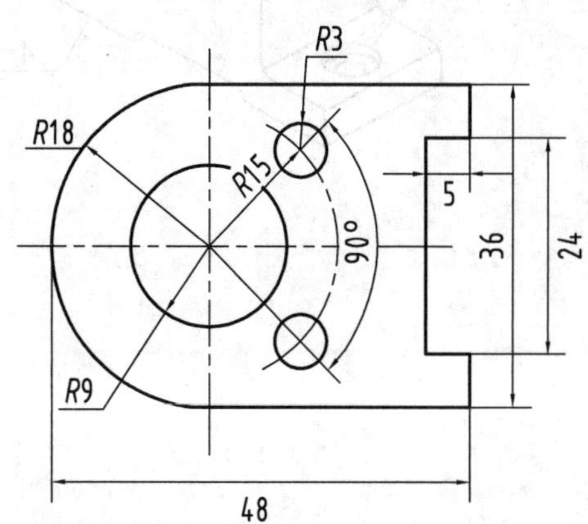

二、预习导学

1.尺寸基准是指________________。零件有________、________、________三个方向的尺寸,每个方向有且至少有一个基准。一般选择零件结构的对称面、轴线、主要加工面、重要支面和结合面作为基准。

2.合理标注尺寸的原则为________、________、________。

3.下列图形尺寸标注符合测量要求的是(　　)。

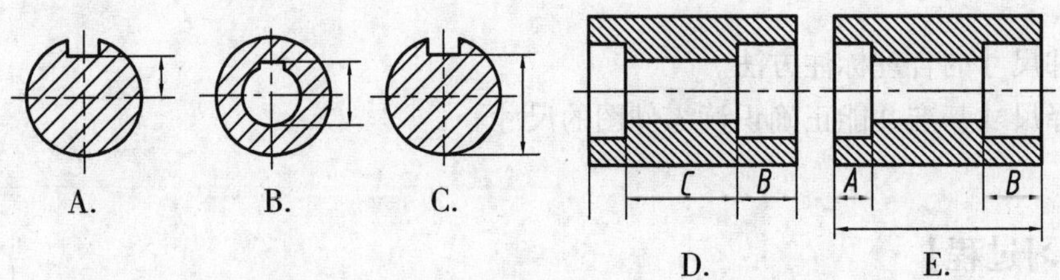

4.尺寸标注常用的符号和缩写词如下所示,请选择正确的符号和缩写词填入对应的空中。

直径(　　),球半径(　　),厚度(　　),45°倒角(　　),深度(　　),沉孔或锪平(　　),均布(　　),锥度(　　),斜度(　　)

ϕ.　R.　sϕ.　SR　t.　↧.　⌴.　c.　EQS　∠　◁

三、任务训练

1.指出三个方向的主要尺寸基准并标注尺寸。

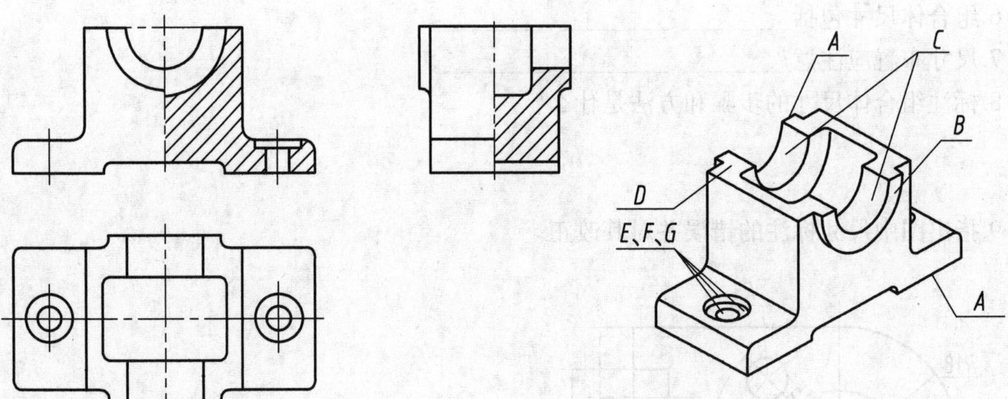

2.识读零件的尺寸。

(1)指出图中所标尺寸的错误并改正。

(2)指出零件的总体尺寸和定位尺寸。

(3)说明 $C2$ 的含义。

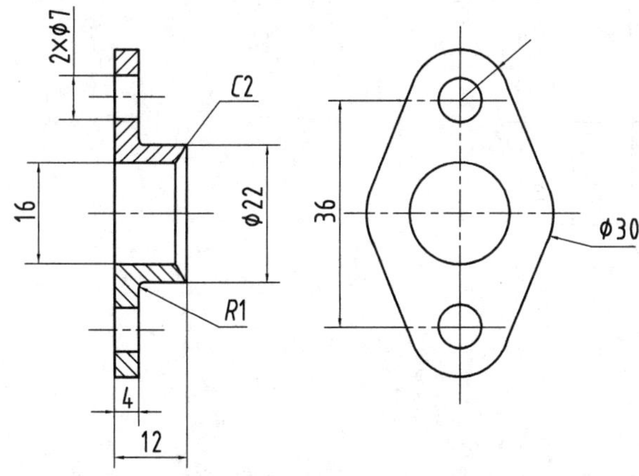

【学习反馈】

1.请写下你对本堂课产生的学习疑问及你的课堂提问。

2.通过本堂课的学习你掌握了哪些知识？哪些方面还需改进？

【课后兴趣作业】

1.在图中标出零件三个方向的尺寸基准。

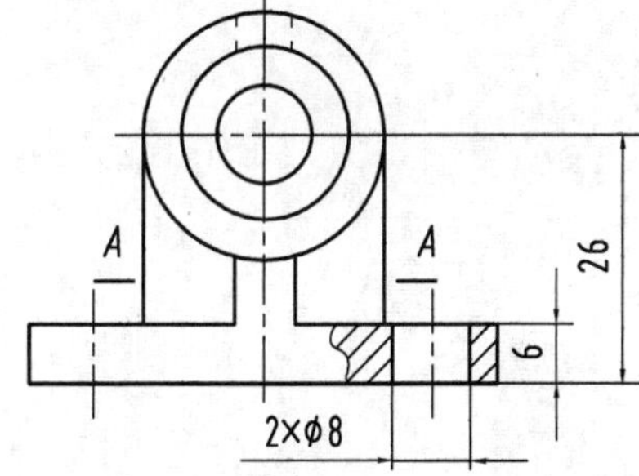

2.写出孔 $\phi18$ 的定位尺寸；$\phi6$ 的定位尺寸；$\phi8$ 的定位尺寸。

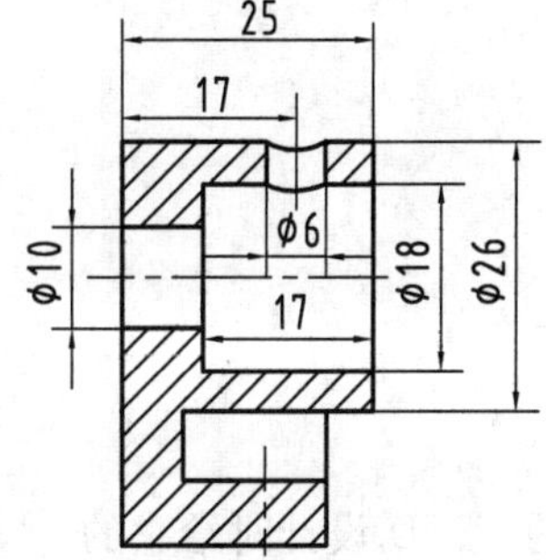

3.写出底板的定位尺寸和总体尺寸。

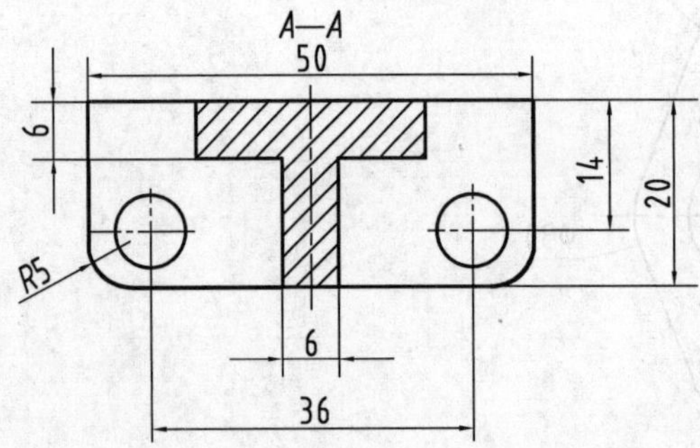

任务6　识读零件图的尺寸公差

【学习目标】

1.能描述互换性和尺寸公差的基本概念。

2.能描述标准公差和基本偏差的概念及查表方法。

3.会正确识读零件图的尺寸公差。

4.会正确识读零件图的尺寸公差代号并能由公差带代号查表计算确定偏差。

【学习过程】

一、复习检测

1.零件图的内容有哪些?

2.零件图的尺寸标注有哪些要求?

3.简述零件图中常见孔、结构的标注方法。

二、预习导学

1.基本尺寸是(　　)。

A.测量时得到的　B.加工时得到的　C.装配后得到的　D.设计时给它的

2.允许尺寸变化的两个界限值称为(　　)。

A.基本尺寸　　B.实际尺寸　　C.极限尺寸

3.最小极限尺寸减其基本尺寸所得的代数差称为(　　)。

A.实际偏差　　B.上偏差　　C.下偏差

4.最大极限尺寸减最小极限尺寸所得的代数差为(　　)。

A.上偏差　　B.下偏差　　C.公差

5.孔和轴的公差代号由________________和________________组成。

6.孔和轴有(　　)个基本偏差代号。

A.18　　B.20　　C.28　　D.30

7.国家标准规定的尺寸公差等级为(　　)。

A.1—12 共 12 级　　B.1—18 共 18 级　　C.1—20 共 20 级　　D.1—18 共 20 级

8.20f6、20f7、20f8 三个公差带(　　)。

A.基本偏差相同,公差等级不同　　B.基本偏差不同,公差等级不同

C.基本偏差相同,公差等级相同　　D.基本偏差不同,公差等级相同

三、任务训练

1.如图 1 所示,查表,写出衬套有公差要求尺寸的极限偏差。(单位:mm)

(1)ϕ40g6(　　　　　)　　(2)ϕ32n5(　　　　　)

(3)ϕ24H8(　　　　　)

2.如图 2 所示轴套的内孔基本尺寸为(　　　),孔的实际尺寸在(　　　　　)范围内为合格,孔的公差值等于(　　　　　),孔的基本偏差为(　　　　　)。

轴套的外圆柱 ϕ28 的最小极限尺寸为(　　　),最大极限尺寸为(　　　)。

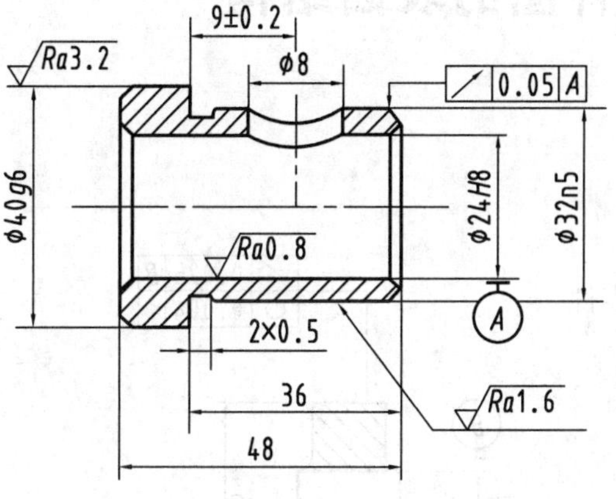

图 1

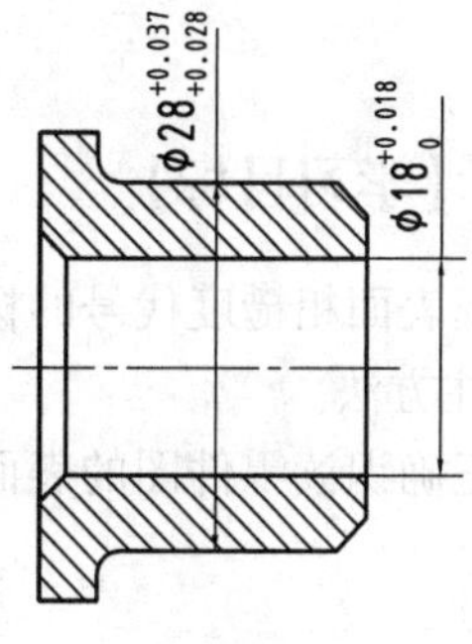

图 2

【学习反馈】

1.请写下你对本堂课产生的学习疑问及你的课堂提问。

2.通过本堂课的学习你掌握了哪些知识？哪些方面还需改进？

【课后兴趣作业】

根据要求对套筒零件图标注尺寸：

（有公差要求的尺寸按标注上、下偏差值方式标注）

内孔 $\phi19$ 的公差带代号 H6；

外圆 $\phi29$ 的公差带代号 f7；

其余不标尺寸公差。

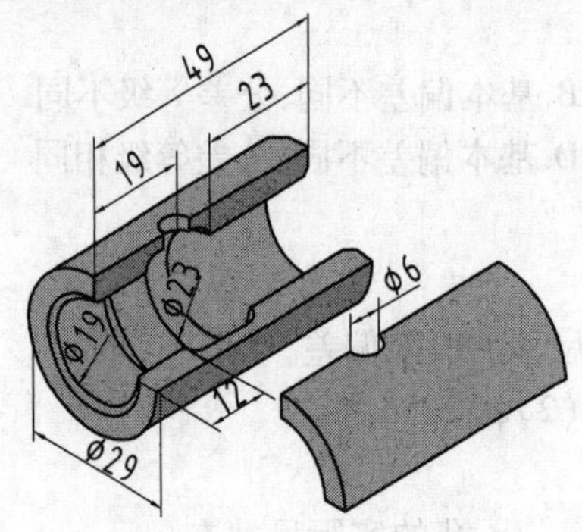

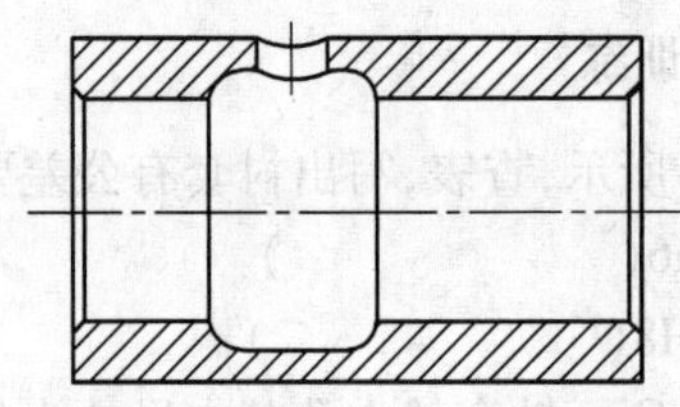

任务 7　识读零件图的表面结构

【学习目标】

1.掌握表面粗糙度代号的标注规定和在零件图上的标注方法。

2.会正确识读零件图的表面粗糙度代号。

【学习过程】

一、复习检测

识读右图零件的尺寸公差。

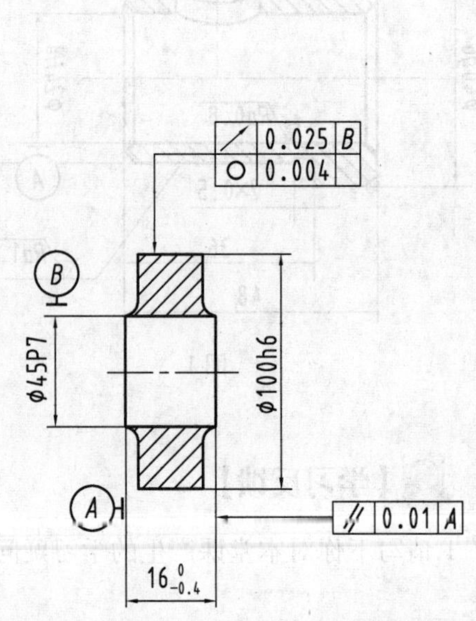

二、预习导学

1.机械加工表面质量中表面层的几何形状特征不包括(　　)。

A.表面加工纹理　B.表面波度　C.表面粗糙度　D.表面层的残余应力

2.表面粗糙度是(　　　　)误差。

A.宏观几何形状　B.微观几何形状　C.宏观相互位置　D.微观相互位置

3.表面粗糙度值越小,则零件的(　　)。

A.耐磨性越好　B.配合精度越高　C.抗疲劳强度越差

D.传动灵敏性越差　E.加工越容易

4.评定表面粗糙度普遍采用(　　　　)参数。

A.*Ra*　B.*Rz*　C.*Ry*

5.表面粗糙度标注时尖端应从(　　　　)指向表面。

A.材料外　B.材料内　C.材料内或材料外

6.表面粗糙度代(符)号在图样上应标注在(　　)。

A.可见轮廓线上　B.尺寸界线上　C.虚线上

D.符号尖端从材料外指向被标注表面　E.符号尖端从材料内指向被标注表面

三、任务训练

1.分析轴套的表面粗糙度。

(1)表面粗糙度要求最高表面是________。

轴套的左右端面的表面粗糙度是________;直径 ϕ23 的表面粗糙度是________。

(2) $\sqrt{Ra3.2}$ (√) 的含义是________________________________。

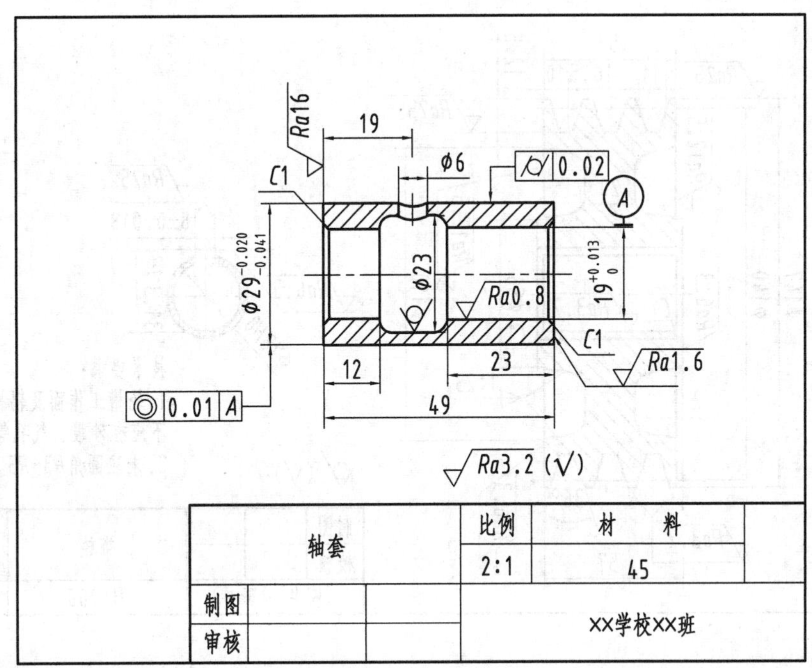

2.根据要求标注表面粗糙度。

底面 √Ra12.5 ,两沉孔 √Ra25 ,轴孔 √Ra3.2 ,其余 √ 。

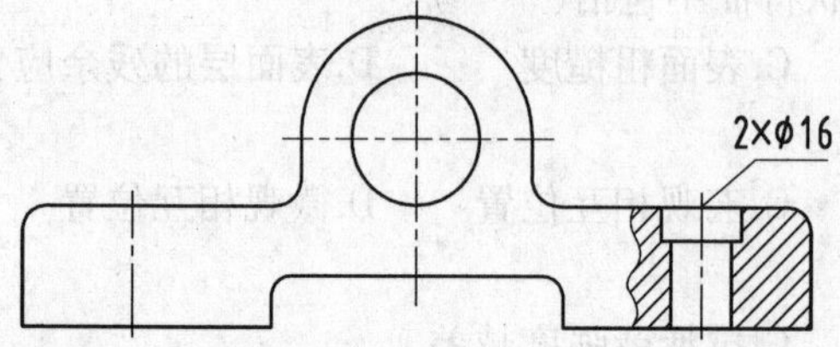

【学习反馈】

1.请写下你对本堂课产生的学习疑问及你的课堂提问。

2.通过本堂课的学习你掌握了哪些知识？哪些方面还需改进？

【课后兴趣作业】

分析带轮的表面粗糙度。

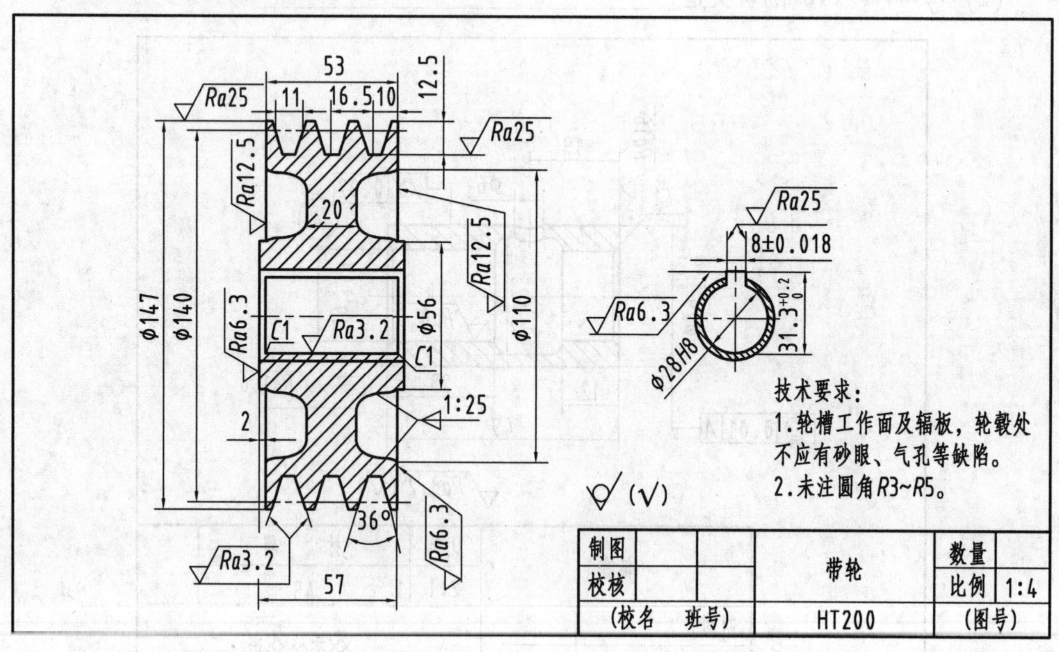

任务8 识读零件图的几何公差

【学习目标】

1.能描述几何公差的定义、项目及其符号。
2.理解几何公差的标注方法。
3.会识读几何公差。
4.能将所学的几何公差知识综合应用到零件图的识读中。

【学习过程】

一、复习检测

1.前面学过哪些零件图技术要求的标注?

2.识读零件图的尺寸公差和表面粗糙度。

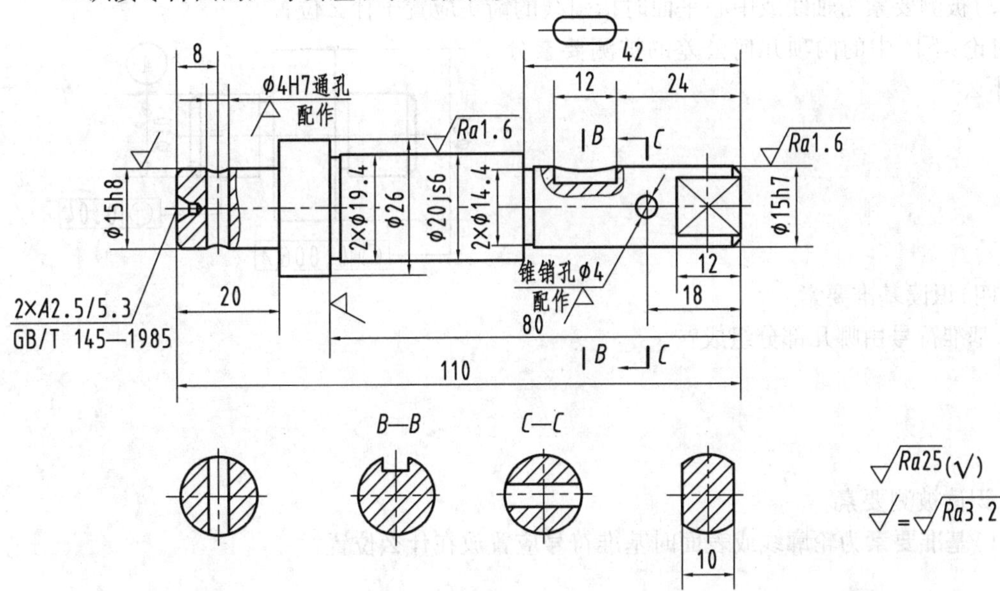

二、预习导学

(一)熟练掌握几何公差项目符号
1.国家标准规定了________项几何公差。

2.写出以下几何公差项目的符号。

形状公差:直线度________,平面度________,圆度________,圆柱度________。

位置公差:平行度________,垂直度________,倾斜度________,同轴度________,对称度________,位置度________,圆跳动________,全跳动________。

形状或位置公差:线轮廓度________,面轮廓度________。

(二)认识几何公差项目框格

写出框格中各项内容的名称。

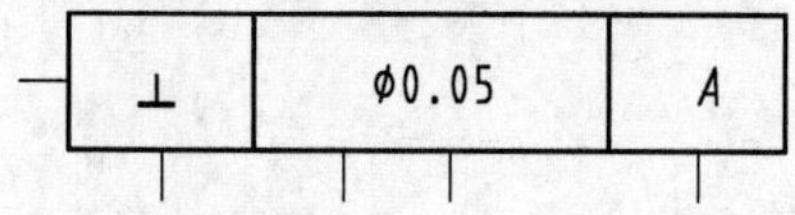

(三)识读被测要素

1.公差框格与被测要素之间用什么相连?

2.识读被测要素。

(1)被测要素为轮廓线或表面时指引线箭头应置于什么位置?

(2)被测要素为轴线或中心平面时指引线的箭头应置于什么位置?

讨论:下图中的两项几何公差的被测要素分别是什么?

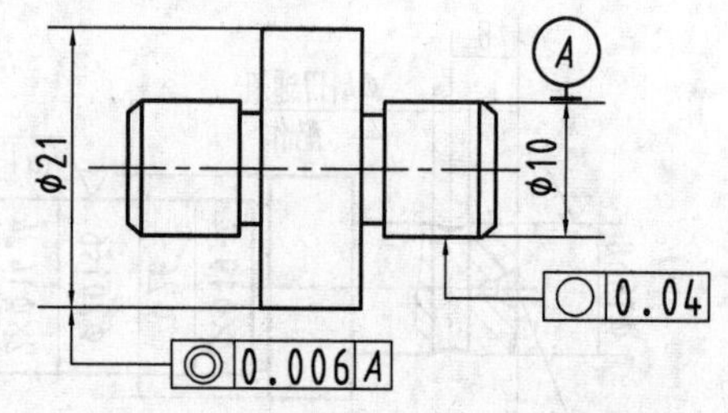

(四)识读基准要素

1.基准符号由哪几部分组成?

2.识读被测要素。

(1)基准要素为轮廓线或表面时基准符号应置放在什么位置?

(2)基准要素为轴线或中心平面时基准符号应置放在什么位置?

讨论:下图中的两项几何公差的被测要素分别是什么?

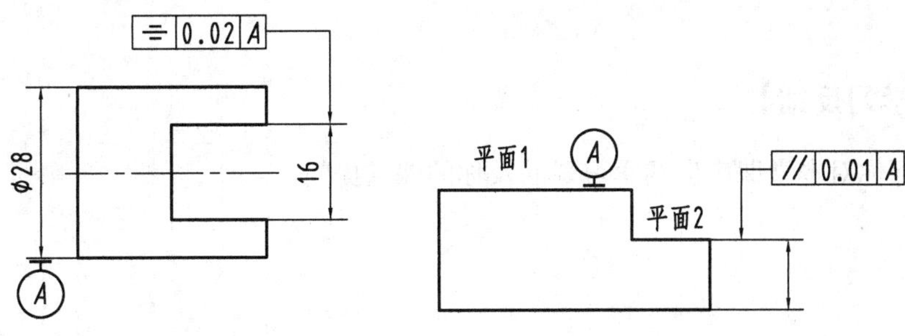

三、任务训练

分别说明下两图所注几何公差的含义。

(1)

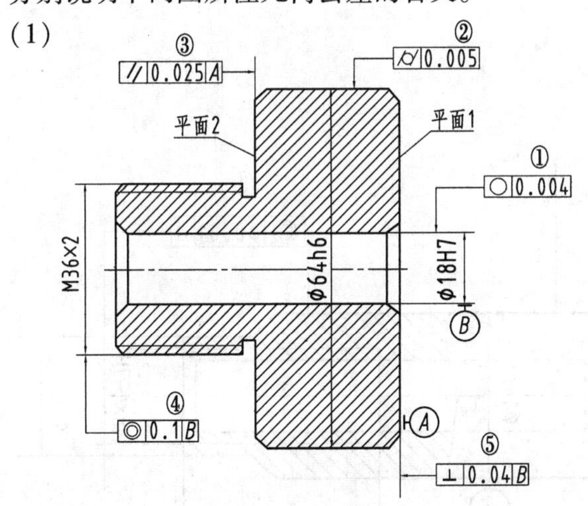

(2)

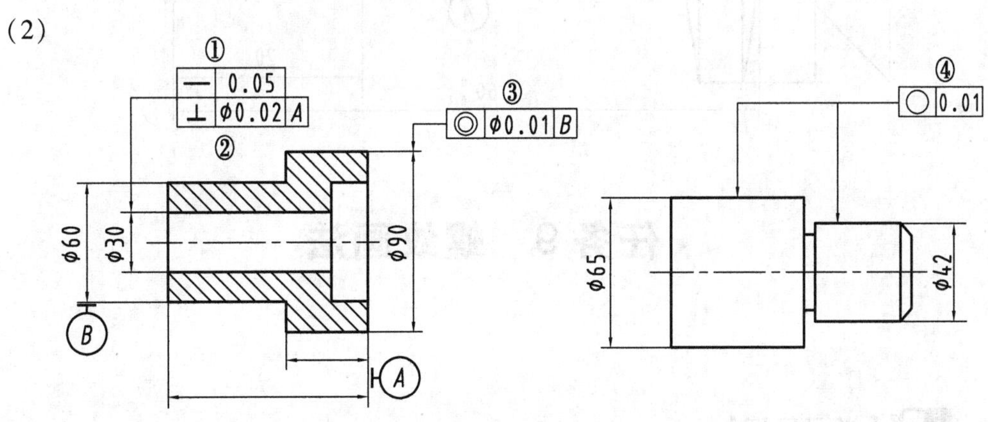

【学习反馈】

1.请写下你对本堂课产生的学习疑问及你的课堂提问。

2.通过本堂课的学习你掌握了哪些知识？哪些方面还需改进？

【课后兴趣作业】

说明柱塞套上几何公差的含义。

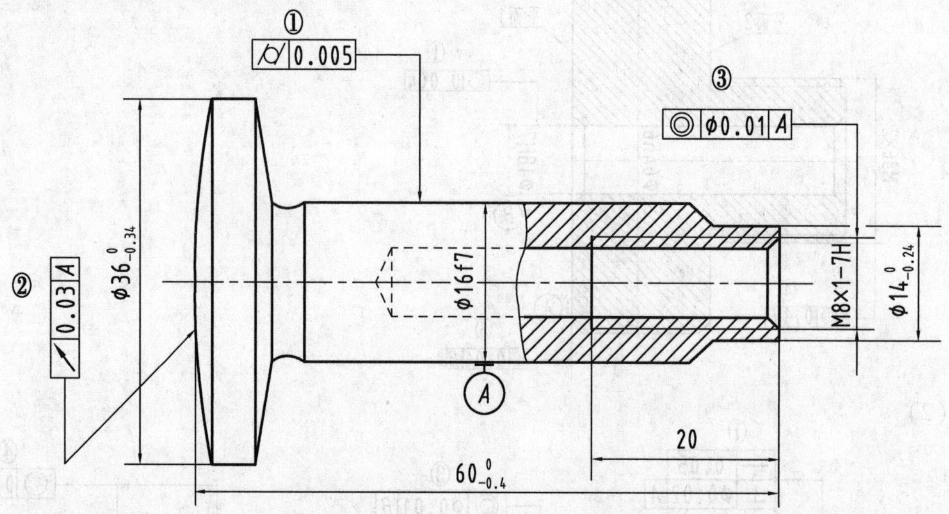

任务9　螺纹画法

【学习目标】

1.能描述螺纹的作用及相关的基本知识。

2.理解并掌握螺纹的规定画法。

3.能正确绘制内、外螺纹结构的视图。

【学习过程】

一、复习检测

1.在绘制轴套类零件时,表达方案一般按________位置放置。

2.我们学习了哪些零件图的表达方法?

二、预习导学

1.按螺纹形成分类,螺纹可分为________(外表面)、________(内表面)。

2.螺纹结构的五要素为________、________、________、________、________。

3.内外螺纹一般成对使用,只有内外螺纹________要素完全相同,才能正常旋合。

4.常见的螺纹牙型有________、________、________。

5.螺纹直径有________(公称直径)、________、________。

6.线数用________表示,螺距用________表示,导程用________表示,三者的关系为________。

7.螺纹旋向有________和________两种。

8.标准螺纹是指________________________三者均符合国家标准的螺纹;特殊螺纹是指________符合标准,但________或________不符合标准的螺纹;非标准螺纹是指________不符合标准的螺纹。

9.螺纹规定画法。

(1)外螺纹:大径(牙顶线)用________表示,小径(牙底线)用________表示。在投影为圆的视图中,小径(牙底线)的细实线只画约________圈,此时轴上的倒角圆________。螺纹终止线用________表示。

(2)内螺纹:大径(牙底线)用________表示,小径(牙顶线)用________表示。在投影为圆的视图中,小径(牙底线)的粗实线表示,大径的细实线只画约________圈,此时孔口倒角圆________。

10.正确的螺纹画法是(　　)。

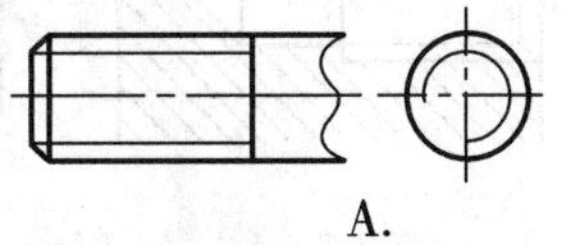

A.

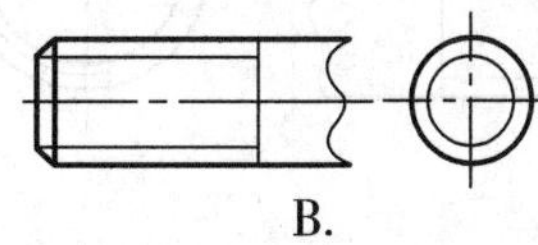

B.

11.下图是圆柱外螺纹的四种左视图,你认为正确的是(　　)。

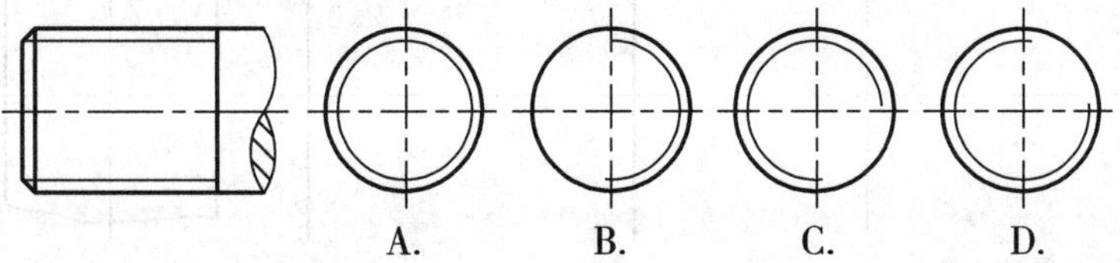

三、任务训练

1.外螺纹,规格:d=M20,杆长 40 mm,螺纹 30 mm,倒角 $C2$,按规定画法绘制螺纹的主、左视图。

2.内螺纹,规格:圆杆直径 ϕ50,长 50 mm,螺孔 D=M30,螺孔深 20 mm,孔深 25 mm,孔口倒角 $C2$,按规定画法绘制螺纹的主、左视图。

【学习反馈】

1.请写下你对本堂课产生的学习疑问及你的课堂提问。

2.通过本堂课的学习你掌握了哪些知识?哪些方面还需改进?

【课后兴趣作业】

1.分析下面螺纹画法中的错误,并在指定位置画出其正确的图形。

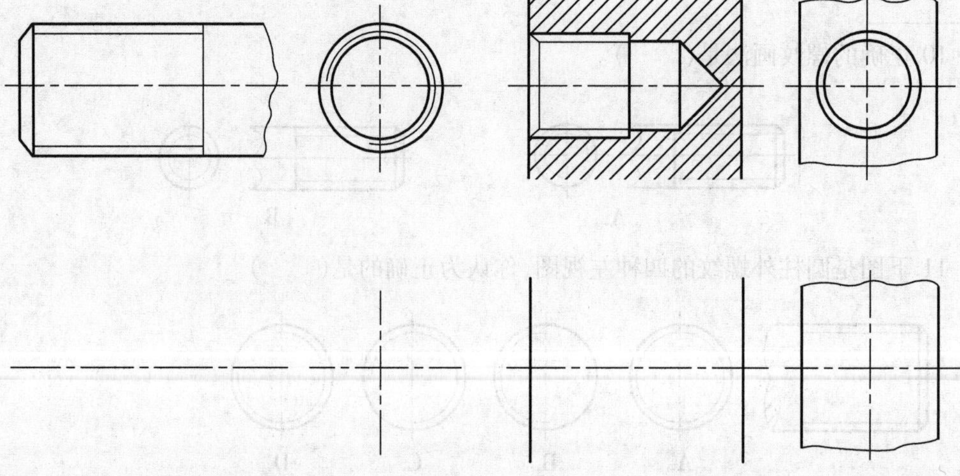

2.下面内外螺纹连接正确的画法是(　　)。

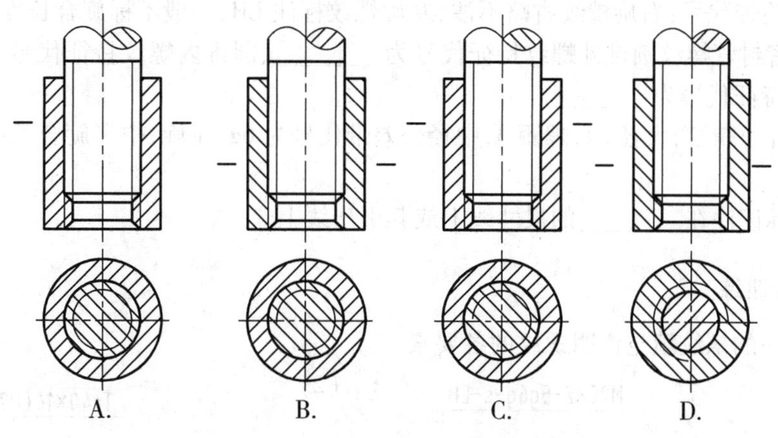

任务10　螺纹标注

【学习目标】

1.能描述各类螺纹标记的含义。
2.掌握螺纹的规定画法。
3.能正确绘制内、外螺纹结构的视图。

【学习过程】

一、复习检测

1.简述内、外螺纹的规定画法。

2.我们学习了哪些零件图的表达方法?

二、预习导学

1.普通螺纹、梯形螺纹、锯齿形螺纹的螺纹特征代号分别为________、________、________。

2.普通螺纹有粗牙和细牙之分,粗牙螺纹的螺距可________;公差带代号标中径和顶径,当它们相同时,________;右旋螺纹省略不注,左旋螺纹标注________;旋合长度为

________时不标，长型用 L 表示，短型用 S 表示；梯形螺纹、锯齿形螺纹公差带代号只标________公差带代号；右旋螺纹省略不注，左旋螺纹标注 LH；一般不标旋合长度。

3.螺纹密封管螺纹圆锥外螺纹特征代号为________、圆锥内螺纹特征代号为________、圆柱内螺纹特征代号为________。

4.粗牙普通螺纹，大径 24，螺距 3，中径公差带代号为 6g，左旋，中等旋合长度，其螺纹代号为________。

5.螺纹标记注在________的尺寸线上或其引出线上。

三、任务训练

根据标注的螺纹填空说明螺纹的各要素。

(1)

M20×2-5g6g-s-LH

该螺纹为__________螺纹；
公称直径__________mm；
螺距__________mm；
线数为__________；
旋向为__________；
螺纹公差带__________。

(2)

Tr40×14(P7)LH-8e-L

该螺纹为__________螺纹；
公称直径__________mm；
螺距__________mm；
线数为__________；
旋向为__________；
螺纹公差带__________。

(3)

B40×7-7A

该螺纹为__________螺纹；
公称直径__________mm；
螺距__________mm；
线数为__________；
旋向为__________；
螺纹公差带__________。

(4)

G1/2

该螺纹为__________螺纹；

尺寸代号__________。

【学习反馈】

1.请写下你对本堂课产生的学习疑问及你的课堂提问。

2.通过本堂课的学习你掌握了哪些知识？哪些方面还需改进？

【课后兴趣作业】

根据给定的条件,写出螺纹的标记,并进行正确的标注。

(1)普通螺纹:$d=20$,右旋,中径公差带为5g,顶径公差带为6g,短旋合长度。

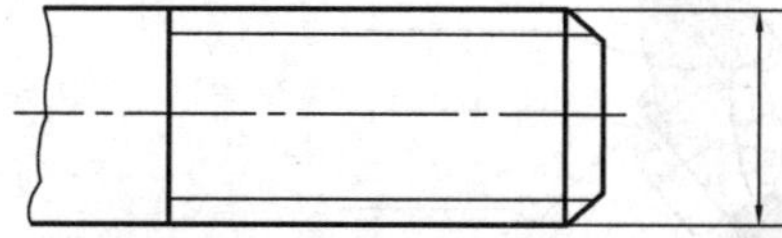

(2)梯形螺纹 $D=40$,$P=6$,左旋,中径公差带为7H,单线,中等旋合长度。

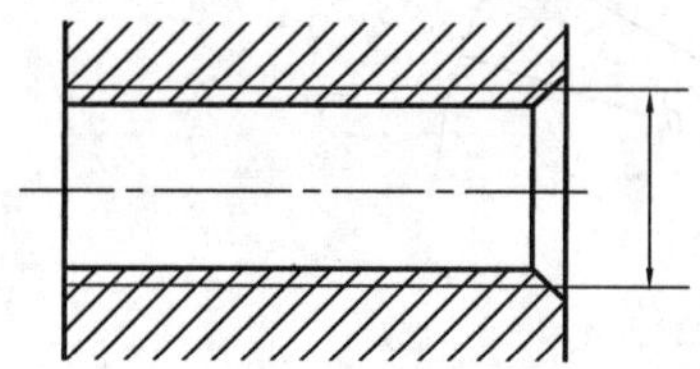

任务11　齿轮的画法

【学习目标】

1.明确直齿圆柱齿轮各部分的名称。
2.熟记直齿圆柱齿轮各部分的计算公式。
3.掌握单个圆柱齿轮的测量和画法。

【学习过程】

一、复习检测

1.简述螺纹的结构作用。

2.简述螺纹的规定画法。

二、预习导学

1.齿轮是机械传动中应用较广泛的一种传动零件，它在机器中实现________、________、________。

2.常见的齿轮形式有________、________、________。

3.请填写下图中直齿齿轮的各参数：

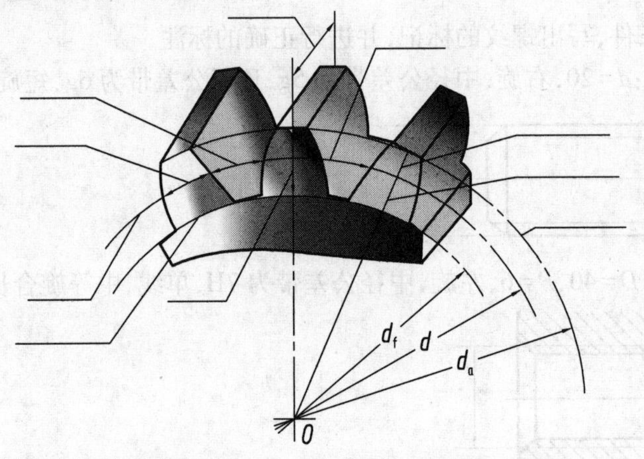

齿数是指一个齿轮的轮齿总数，用________表示。

模数 m 是设计、制造齿轮的重要参数，模数 m 与分度圆直径 d 和齿数之间的关系是：____________________。

4.齿轮画法：

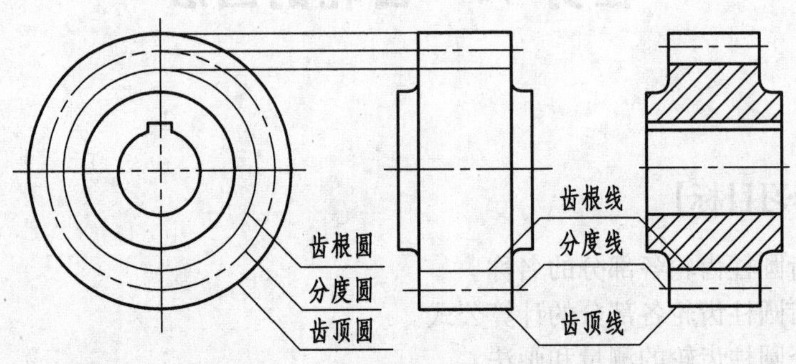

观察上图，齿顶圆与齿顶线用________绘制，分度圆和分度线用________绘制，齿根圆和齿根线用________绘制。

5.尺寸计算：

m 为 2.5 mm，Z 为 30 时，分度圆直径 d=________，齿顶圆直径 da=________，齿根圆直径 df=________。

三、任务训练

各小组根据所给尺寸补画完齿轮的两个视图，已知 m=3 mm，Z=20，写出主要计算式。

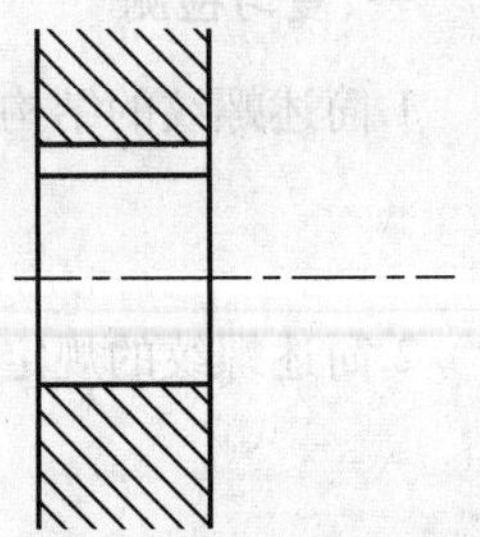

【学习反馈】

1.请写下你对本堂课产生的学习疑问及你的课堂提问。

2.通过本堂课的学习你掌握了哪些知识？哪些方面还需改进？

【课后兴趣作业】

测绘齿轮轴零件图(自备 A4 图纸)。

任务 12　绘制局部剖视图

【学习目标】

1.能描述局部剖视图的形成及其应用场合。
2.理解局剖视图的投影规律及其画法的相关规定。
3.能正确应用局部剖视图表达零件结构。

【学习过程】

一、复习检测

1.剖视图的形成为________、________、________。
2.简述全剖视图的定义及应用。

二、预习导学

1.用剖切面局部剖开机件所得的剖视图称为________。

2.在局部剖视图中，视图与剖视部分的分界线用(　　)。

A.粗实线　　B.细实线

C.细点画线　　D.波浪线

3.右图的主视图适合选用(　　)剖视图。

A.局部　　B.全

C.半　　D.旋转

4.视图与剖视图的分界线(波浪线)不能________，不应与轮廓线________或画在其他轮廓线的延长位置上，也不可________(孔、槽等)而过。

5.在下图中，选出正确的主视图。(　　)

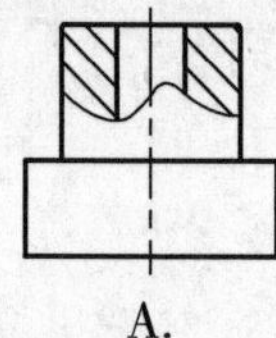
A.

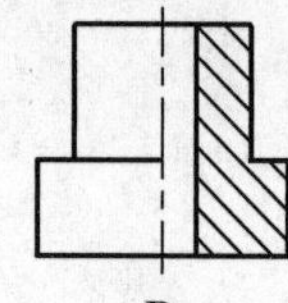
B.

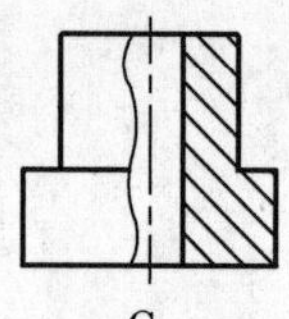
C.

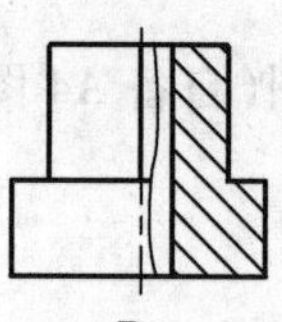
D.

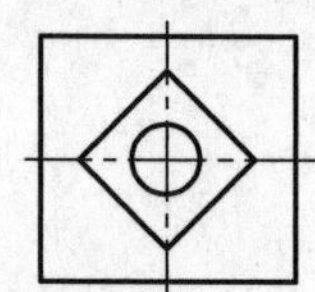

6.在下图中，选出正确的左视图。(　　)

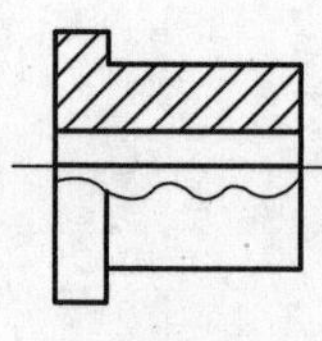

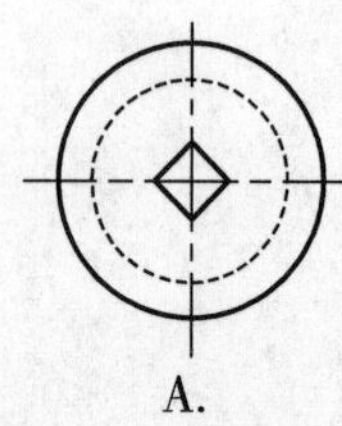
A.

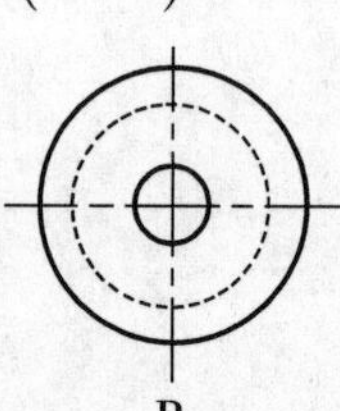
B.

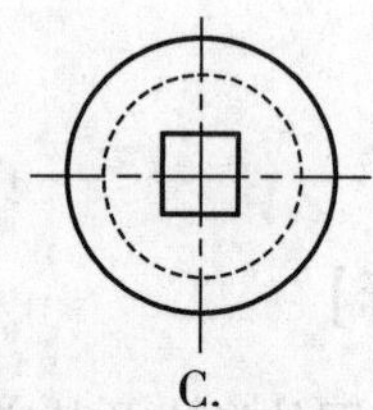
C.

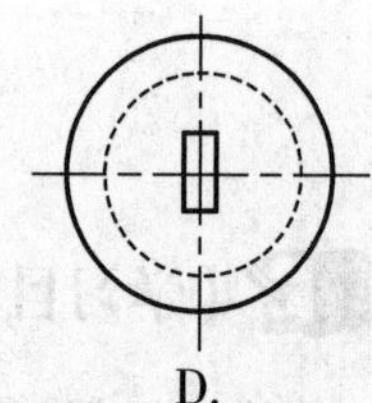
D.

7.在下图中，选出正确的主视图。(　　)

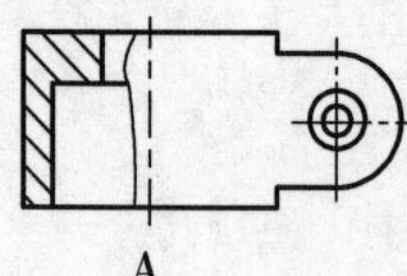
A.

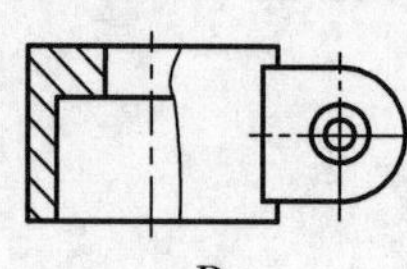
B.

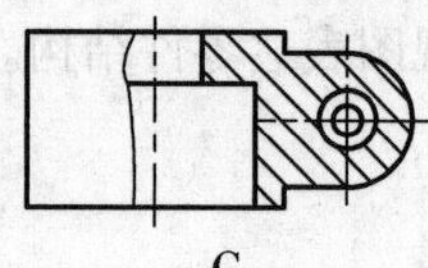
C.

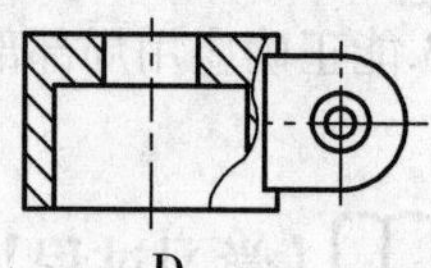
D.

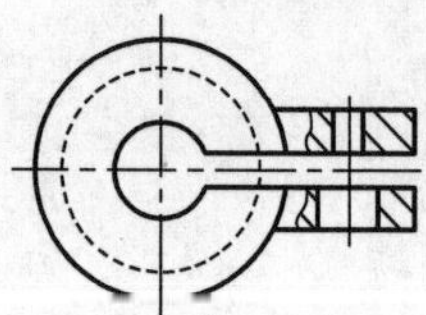

三、任务训练

在给定的位置上,将下图中的主视图改画成适当的剖视图。

(1) (2)

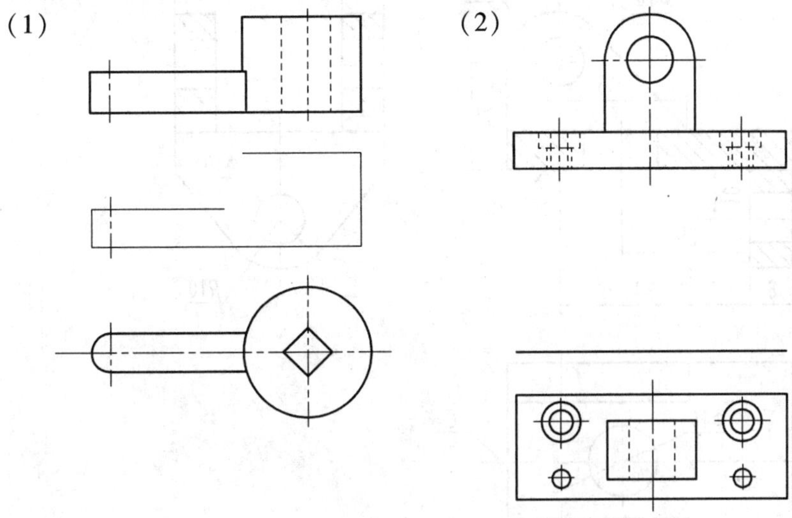

【学习反馈】

1.请写下你对本堂课产生的学习疑问及你的课堂提问。

2.通过本堂课的学习你掌握了哪些知识?哪些方面还需改进?

【课后兴趣作业】

1.将主视图和俯视图改画成局部剖视图。

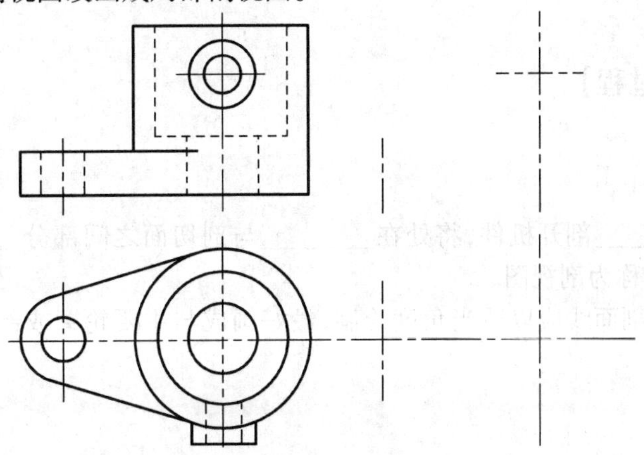

2.分析机件的表达方案并制作模型。

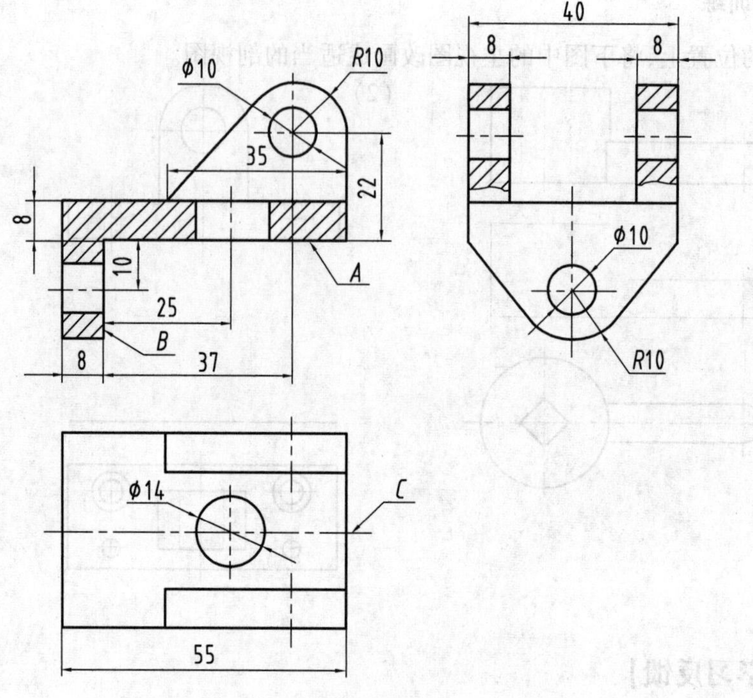

任务 13 绘制断面图

【学习目标】

1.识记断面图的基本定义和规定画法。
2.理解断面图与剖视图的相同点与不同点。
3.理解断面图的应用范围。

【学习过程】

一、复习检测

1.假想用________剖开机件，将处在________与剖切面之间部分________而将向投影面投影所得的投影称为剖视图。

2.金属材料的剖面线应以适当角度绘制，最好画成与主要轮廓或剖面区域的对称线成________角。

二、预习导学

1.假想用剖切平面将机件的某处切断，仅画出断面的图形，此图形被称为________。

2.断面图与剖视图的相同点有哪些？不同点有哪些？

3.断面图分为(　　)两种。

A.移出断面图和重影断面图　　B.平移断面图和重合断面图

C.移出断面图和重合断面图　　D.移出轮廓图和重合轮廓图

4.画在视图轮廓线之外的断面，被称为________断面；画在视图轮廓线之内的断面，被称为________断面。

5.在下图的 *A*—*A* 断面图中，选出正确的断面图。(　　)

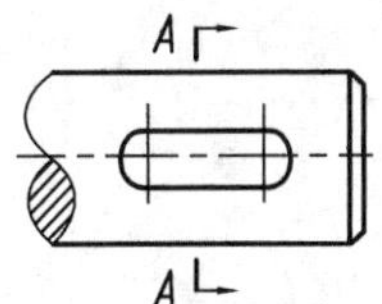

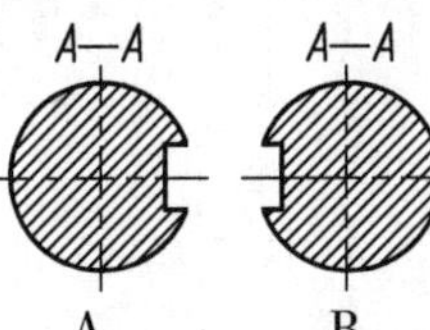

A.　B.

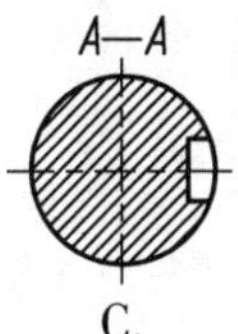

C.

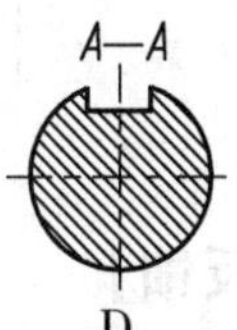

D.

6.在下图的 *A*—*A* 断面图中，选出正确的断面图。(　　)

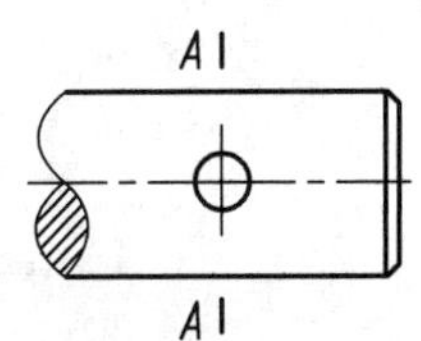

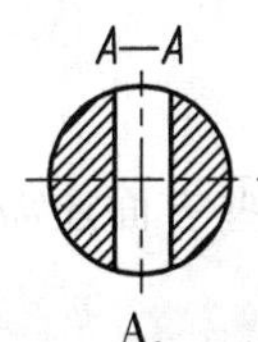

A.

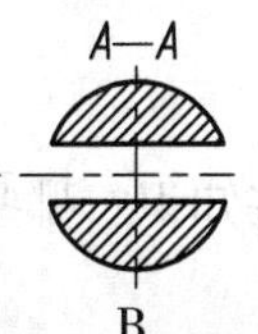

B.

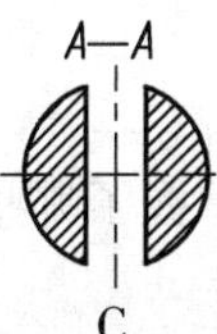

C.

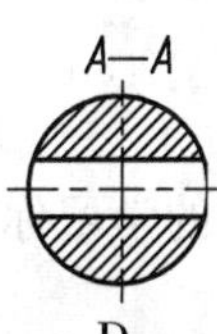

D.

7.在下图的 *A*—*A* 断面图中，选出正确的断面图。(　　)

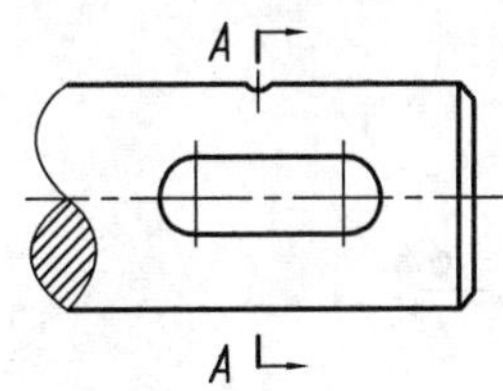

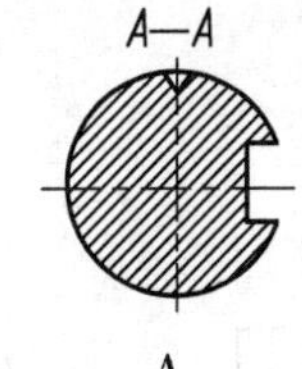

A.

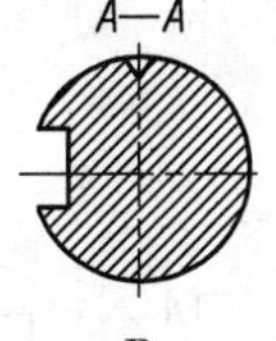

B.

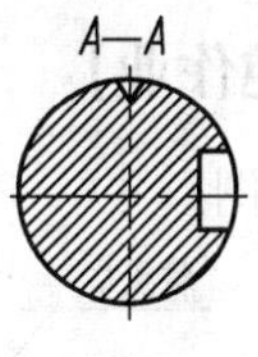

C.

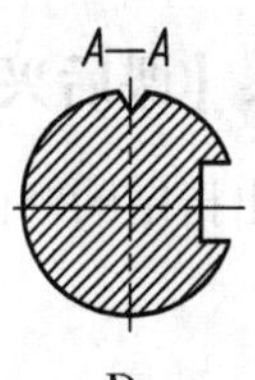

D.

8.下图用的是(　　)表示方法。

A.全剖　　B.局部剖　　C.移出剖面　　D.重合剖面

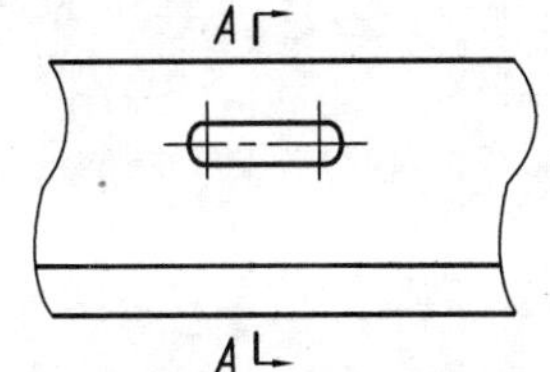

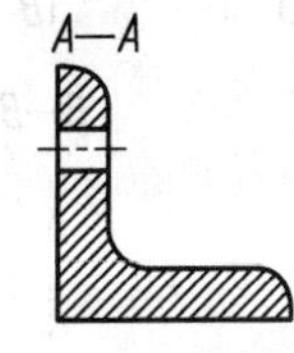

9.在下图中选出正确的断面图。(　　)

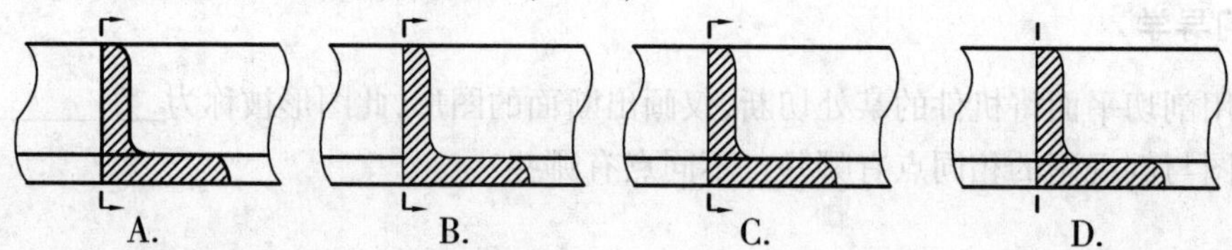

三、任务训练

在指定位置作出断面图(单面键槽深 4 mm,右端面有双面平面)。

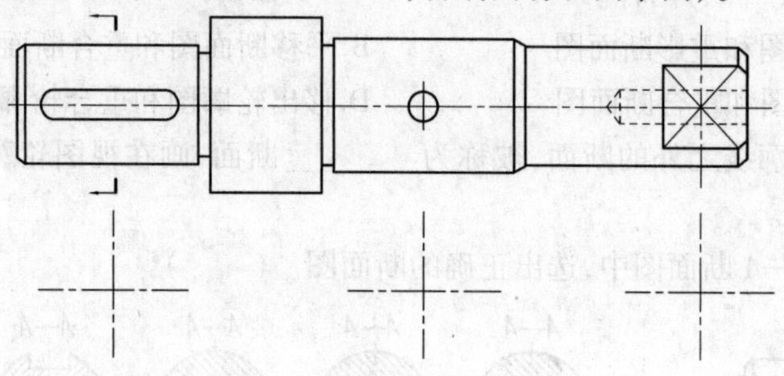

【学习反馈】

1.请写下你对本堂课产生的学习疑问及你的课堂提问。

2.通过本堂课的学习你掌握了哪些知识？哪些方面还需改进？

【课后兴趣作业】

画出指定的断面图。

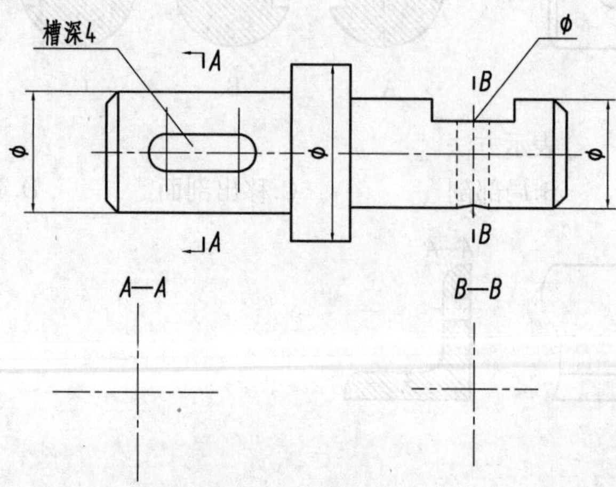

任务14 识读轴套类零件图

【学习目标】

1.了解轴套类零件图常见的规定画法与简化画法。
2.理解读图的一般顺序与方法。
3.能综合运用投影法原理和图样表示法规定识读中等程度轴套类零件图。

【学习过程】

一、复习检测

1.简述识读组合体三视图的方法。

2.零件图的作用为____________________,零件图的内容有______________________。
3.我们学过哪些表达零件结构的方法?

二、预习导学

1.将机件的部分结构,用大于原图形所采用的比例画出的图形,被称为________图;放大部位用________线圈出。

2.较长机件采用折断画法后,其长度应按________标注尺寸,断裂边缘常用________线画出。

3.按一定规律分布的相同结构,只需画出几个完整的结构,其余用________线相连或标明中心位置并注明________。

4.局部放大图上标注的比例是指________的线性尺寸与________相应要素的线性尺寸之比。

5.当回转体零件上的平面在图形中不能充分表达时,可用______________________表示。

6.在局部放大图的标注中,若被放大的部分有几个,应用________数字编号,并在局部放大图上方标注相应的数字和采用的比例。

A.希腊　　　B.阿拉伯　　　C.罗马　　　D.中国

7.识读零件图步骤。

(1)读标题栏。

该零件的名称是________,材料________,比例________。

(2)读视图。

该零件图采用了________个图形表达,分别为________、________和________。

其中,主视图采用________视图,目的是表达________________________。

该零件属于________类零件,由________段圆柱体、一处________结构,和一处________结构组成。

(3)读尺寸。

M12×1.5－6g 含义为:表示此处为________结构,M 表示________螺纹,旋向为________,大径________和螺距为________。

齿轮部分的模数为________,齿数为________,分度圆直径为________,齿宽为________。

平键键槽的定位尺寸为________,键槽的宽度为________,长度为________,深度为________。

该轴的总长为________,有________处退刀槽,尺寸分别为________和________,有________处倒角,尺寸为________。

(4)读技术要求。

说明 ◎ ϕ0.03 A—B 含义:基准要素________________________,被测要素________________________,公差项目________,公差值________。

该零件表面粗糙度最高等级的代号是__________,最低等级的代号是__________。

$\phi16_{-0.034}^{-0.016}$表示该轴段的基本尺寸为________,最大极限尺寸为________,最小极限尺寸为________,公差为________。

模数	m	2.5
齿数	z	14
齿形角	α	20°

技术要求

1.齿轮在粗加工后进行调质处200~250HBS。

2.锐角倒边。

3.未注倒角为C1.5。

Ra6.3 (√)

主动齿轮轴		比例	材 料
		1:1	45
制图		湛江机电学校	
审核			

三、任务训练

识读零件图并完成以下问题。

1.该零件的名称是________,材料为________,比例为________。

2.该零件用________个视图表示,各视图的名称是____________________,主视图采用____________________。

3.在图上用指引线指出零件的轴向和径向尺寸的主要基准。

4.该零件上键槽的定位尺寸为________,宽度分别为________,深度分别为________,长度分别为________;直径 $\phi5$ 两个销孔的定位尺寸为________,直径为 $\phi14$ 轴段的长度为________。零件有________处倒角和________处退刀槽;标有 M10 表示该处为________结构,M 表示为________螺纹,大径为________,旋向________。

5.该零件有________有尺寸公差,其中 $\phi14$ 的外圆面________的最大可加工成________和最小为________,公差为________。

6.在该零件的加工表面中,要求最光洁表面的表面结构代号为________,这种表面有________处。

7.解释框格 | ⌯ | 0.05 | B | 的含义:被测要素为________,基准要素是________,0.05 表示________。

8.试画出 *B*-*B* 断面图。

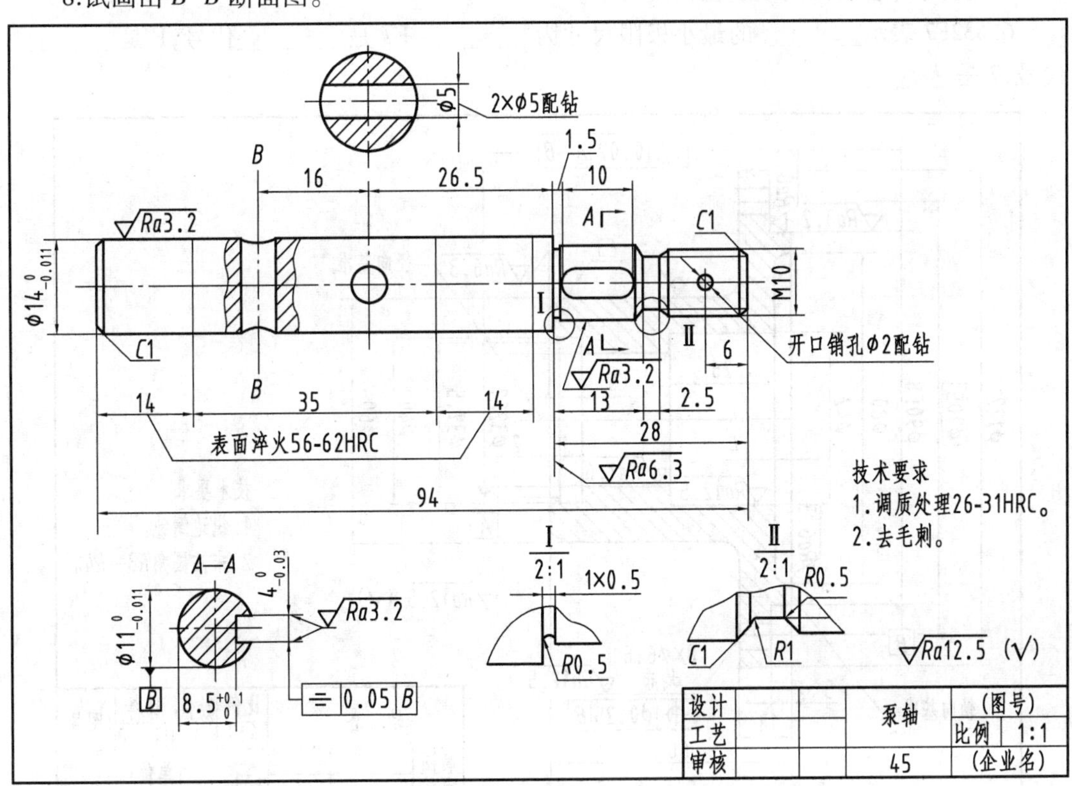

【学习反馈】

1.请写下你对本堂课产生的学习疑问及你的课堂提问。

2.通过本堂课的学习你掌握了哪些知识？哪些方面还需改进？

【课后兴趣作业】

识读轴套零件图。

1.该零件图共用了________图形表达，表达方法为________________________________。

2.绘制左视图和零件的轴测草图。

3.图中孔 $\phi6.6$ 的定位尺寸是________，尺寸 $\boxed{\phi105}$ 是________。

4.解释图中有关几何公差符号的含义。

5.说明零件各表面的表面粗糙度要求。

6.$\phi32F7$ 表示________的最小极限尺寸为________，F7 是________代号，F 是________代号，7 是________。

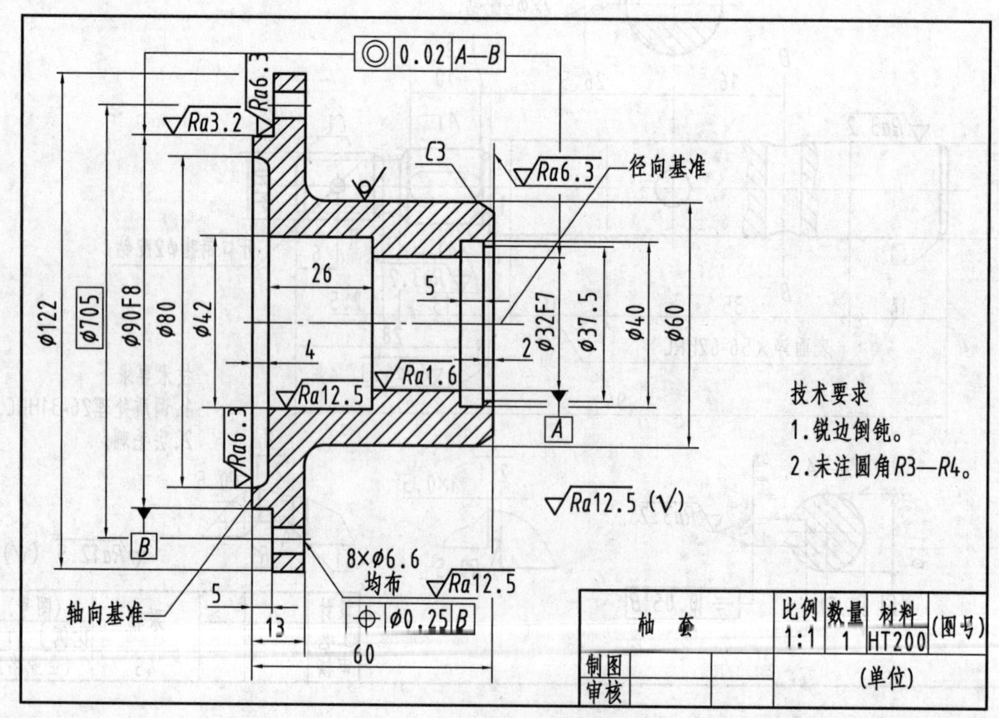

任务 15　基本视图

【学习目标】

1.能描述基本视图的形成、名称及配置关系。
2.理解向视图的画法和标注。
3.能较恰当地综合应用各种视图来表达机械零件。

【学习过程】

一、复习检测

1.组合体的结构形状是用几个什么图来表达清楚的?

2.简述三视图的投影规律。

二、预习导学

1.物体向________投射所得的视图,被称为基本视图。

2.六个基本视图的名称为____________、____________、____________、____________、____________、____________。

3.六个基本视图应符合三等关系:____________________________________长对正,____________________________________高平齐,________________________________宽相等。

4.向视图是可以________的视图;向视图通常用________指明投射方向。

三、任务训练

1.根据机件的轴测图及其主、俯两视图,补画其他四个基本视图(按 GB 规定的视图展开画法绘制)。

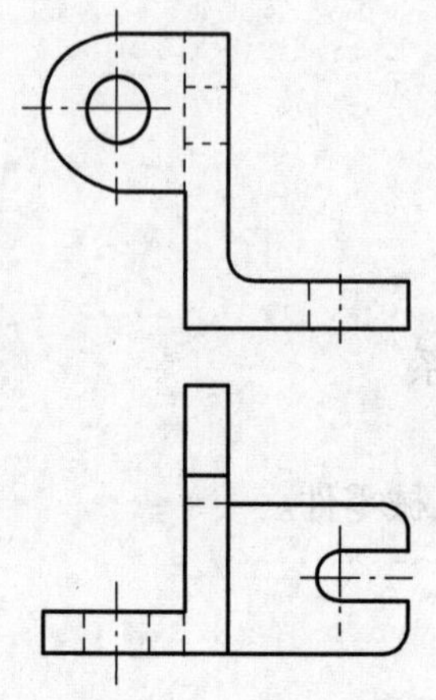

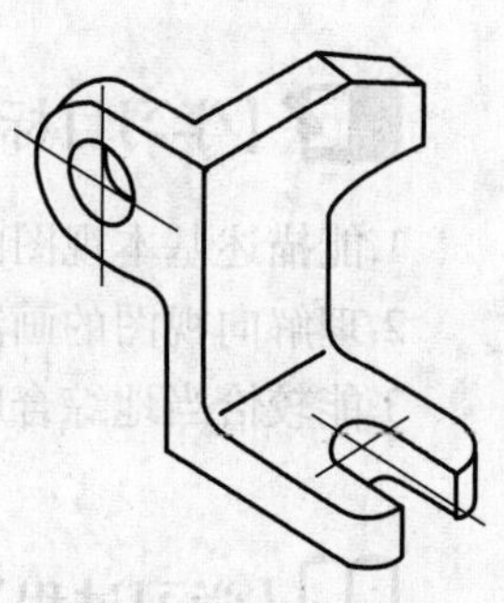

2.看懂三视图,画出 A 向、B 向视图。

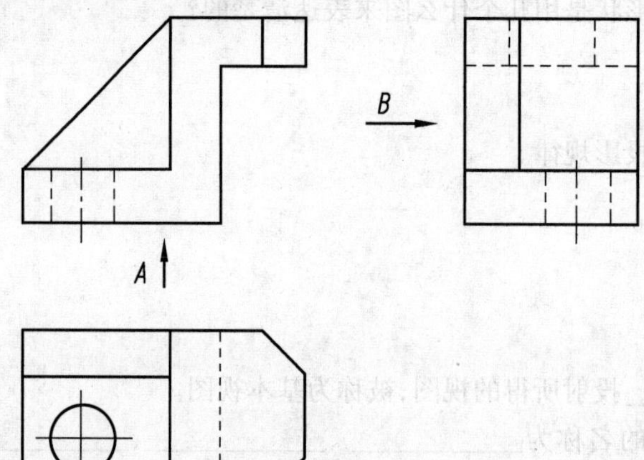

【学习反馈】

1.请写下你对本堂课产生的学习疑问及你的课堂提问。

2.通过本堂课的学习你掌握了哪些知识？哪些方面还需改进？

【课后兴趣作业】

看懂三视图，画出左视图、右视图、仰视图和后视图。

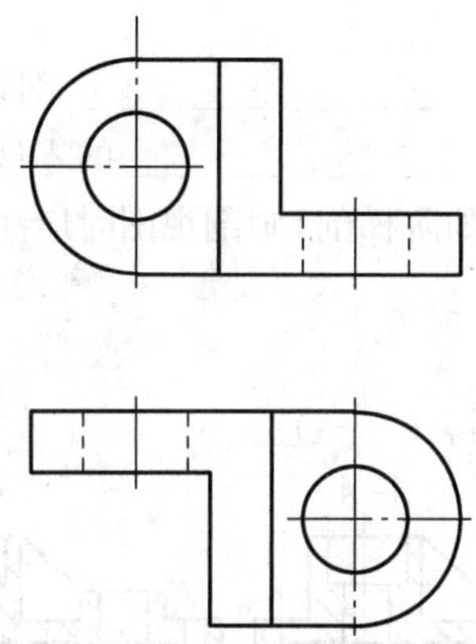

任务 16　绘制阶梯剖视图

【学习目标】

1.掌握阶梯剖视图的形成及其定义。

2.掌握阶梯剖视图的画法及标注；掌握画阶梯剖视图的注意事项。

3.能正确绘制和识读阶梯剖视图。

【学习过程】

一、复习检测

1.前面我们学过的剖切面种类有________________、________________。

2.单一剖切平面适用于____。

3.旋转剖切平面适用于____。

二、预习导学

1.几个平行的剖切平面：________________________剖切面剖开机件所绘制的剖视图，又称为阶梯剖。它适用于________________________的零件。

2.采用几个平行的剖切平面(如阶梯剖)画剖视图时应注意哪些问题?

3.在下图中选出正确的剖视图。(　　)

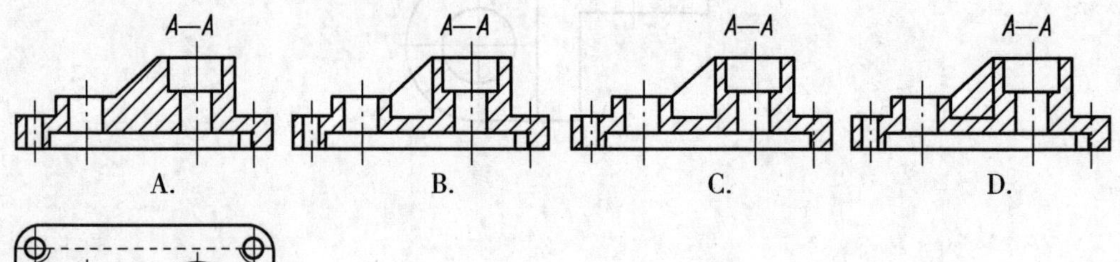

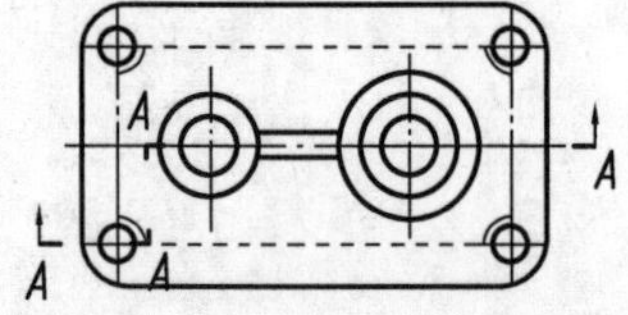

4.判断下图是否正确。(　　)(正确/错误)

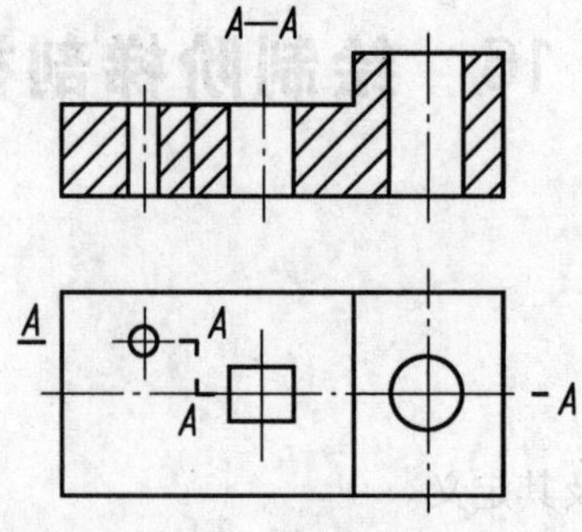

三、任务训练

用几个平行的剖切平面将主视图画成全剖视图。

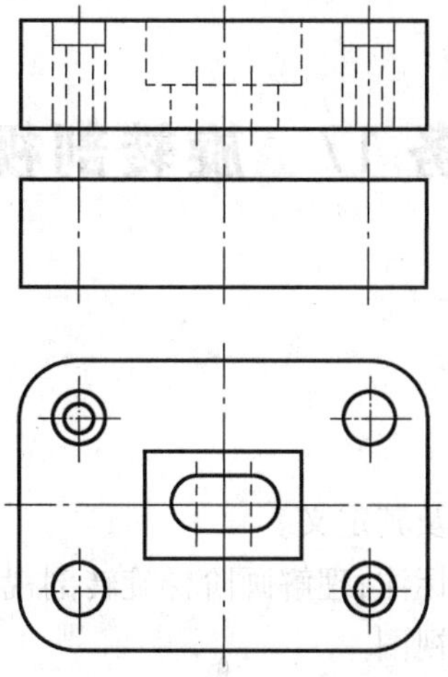

【学习反馈】

1.请写下你对本堂课产生的学习疑问及你的课堂提问。

2.通过本堂课的学习你掌握了哪些知识？哪些方面还需改进？

【课后兴趣作业】

将主视图改画成全剖视图。

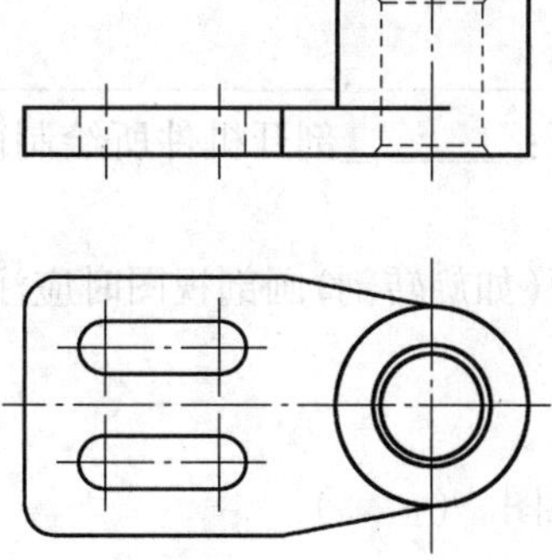

任务 17　旋转剖视图

【学习目标】

1.能描述旋转剖视图的形成及其定义。

2.理解旋转剖视图的画法及标注;理解画阶梯旋转剖视图的注意事项。

3.能正确绘制和识读旋转剖视图。

【学习过程】

一、复习检测

1.表达形体外部的形状可采用________,一共有________个,它们的名称分别是________、________、________、________、________、________。

2.基本视图的"三等关系"为________,________,________。

3.表达形体外部形状可采用________。按剖切范围的大小来分,剖视图可分为________、________、________三种。

4.剖视图的标注包括三部分内容:________、________、________。在单一剖视图中省略一切标注,说明它的剖切平面通过机件的________。

二、预习导学

1.剖视图的剖切方法可分为________、________、________。

2.用两个相交平面的剖切面:________剖开机件所绘制的剖视图,又称为旋转剖。它适用于________的零件。

3.采用几个相交的剖切平面(如旋转剖)画剖视图时应注意哪些问题?

4.在下图中选出正确的剖视图。(　　)

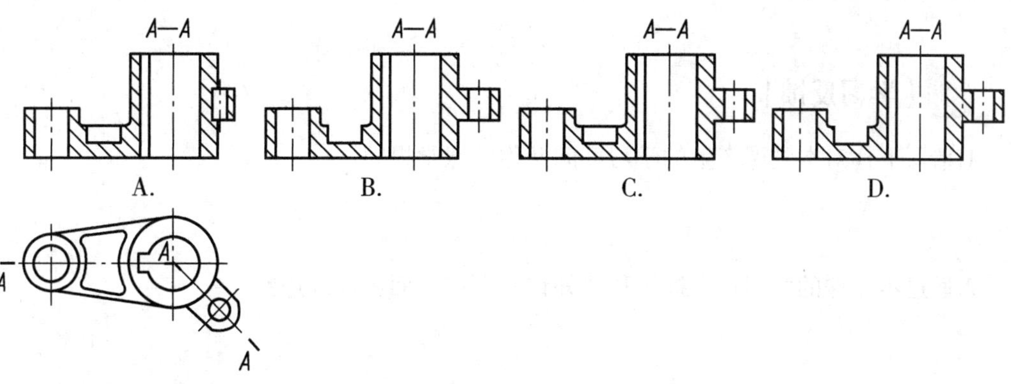

5.判断下图是否正确。(　　)(正确/错误)

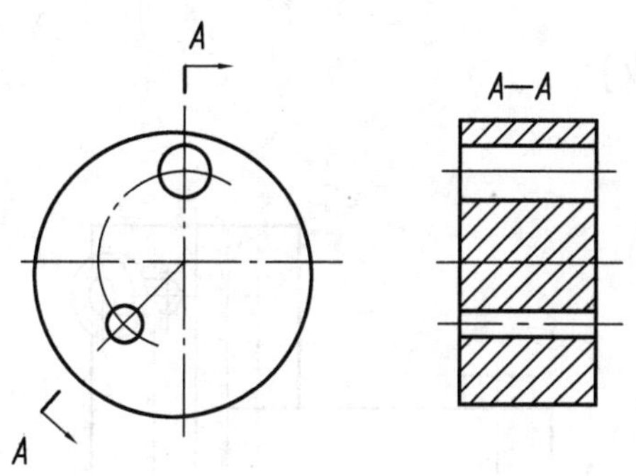

三、任务训练

用几个平行的剖切平面将主视图画成全剖视图。

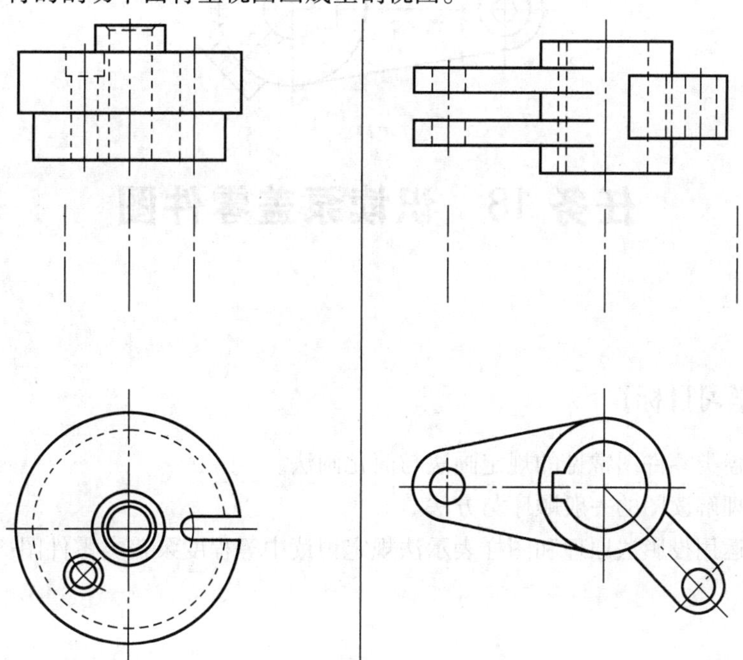

【学习反馈】

1.请写下你对本堂课产生的学习疑问及你的课堂提问。

2.通过本堂课的学习你掌握了哪些知识？哪些方面还需改进？

【课后兴趣作业】

把下图改为剖视图。

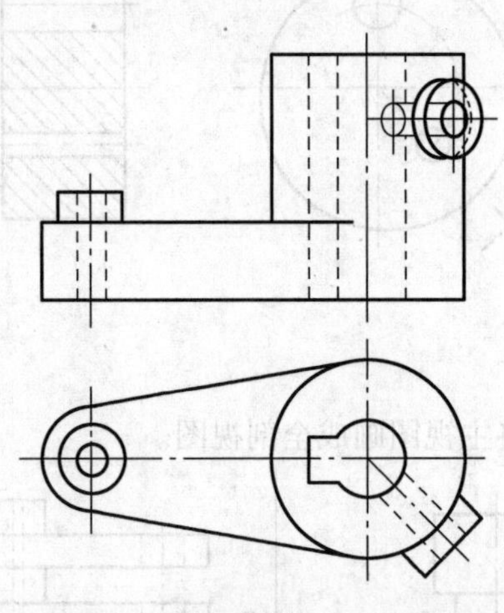

任务 18　识读泵盖零件图

【学习目标】

1.了解泵盖类零件图常见的规定画法与简化画法。
2.进一步理解读图的一般顺序与方法。
3.能综合运用投影法原理和图样表示法规定识读中等程度泵盖类零件图。

【学习过程】

一、复习检测

1.________是用来表达机件的外部结构形状的；________是用来表达机件的内部结构形状的；________是用来表达机件的断面形状的。

2.机件上的肋、轮辐和薄壁如纵向剖切时都不画________，此时需用________将它们与相邻的结构分开，但横向剖切时需画________。

3.对机件上的局部细小结构和某些特殊的结构，国家标准还规定了________、________、________等画法。

4.识读零件图的一般步骤为：

____

____

____

____

二、预习导学

1.机件具有若干相同结构（如齿、槽等），并按一定规律分布时，只需画出几个完整的结构，其余用（　　）线连接，并注明该结构的总数。

A.粗实　　B.细实　　C.细点画　　D.波浪

2.对称机件的图形可只画________或________，并在对称中心线的两端画出两条与其垂直的________。

3.当机件上均匀分布的肋、轮辐和孔等结构不处于剖切平面上时，可将这些结构假想旋转到________上后绘制出。

4.识读泵盖零件图。

（1）零件的名称是________，从名称中可以分析零件的主要用途是________，零件的材质是________，绘制零件时所采用的比例为________。

（2）泵盖零件图采用了________个基本视图。主视图是________视图，表达________，$\phi 16$ 的两个盲孔起到________的作用，________端有凸台。左视图表达了泵盖和凸台的________和________个沉头孔、________个圆锥销孔的分布情况。

（3）长度方向的尺寸基准是________，宽度方向尺寸基准是________，尺寸 28.76±0.016 是________尺寸。泵盖销孔的定位尺寸是________。沉孔结构是________沉孔，沉孔的直径是________，深________；其定位尺寸是________。

（4）有尺寸公差要求的尺寸有________个，其中盲孔的最大极限尺寸是________，最小极限尺寸是________。盖表面质量要求最高的表面是________，其表面粗糙度 Ra 值为________。

图中框格两几何公差的含义分别是：

表示基准要素是________，被测要素是________，公差项目是________，公差值是________。

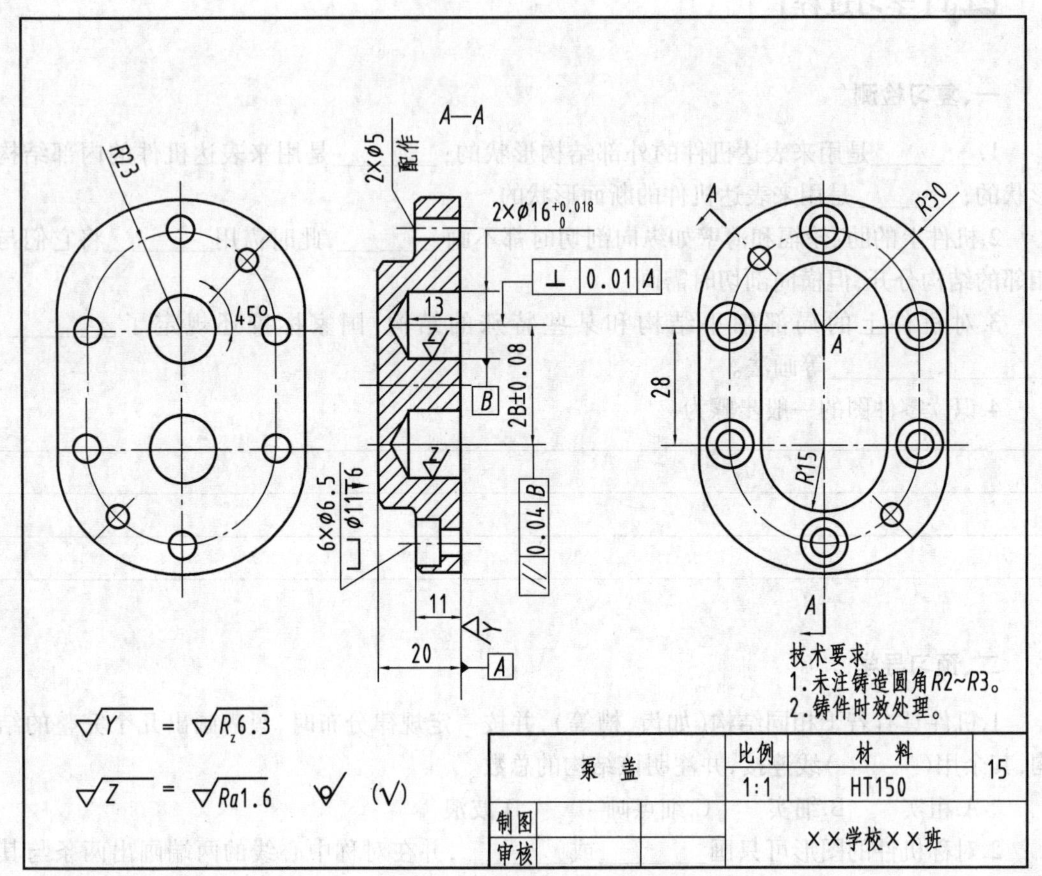

三、任务训练

识读法兰盘的零件图，并完成填空。

(1)该零件的名称是________，属于________类零件，制造该零件所用的材料为________。

(2)该零件图采用了________个视图表达，其中主视图为________视图，其剖切方法为________，主要目的是表达________；左视图为________，表达了该零件的________和________。

(3)尺寸 ϕ35f6 表示该轴段的直径基本尺寸为________，f6 是________代号，f 是________代号，6 是________代号，经查表得上偏差为________，下偏差为________。

(4)销孔 ϕ5 有________个，定位尺寸为________，孔内表面粗糙度为________。

(5)图中标注形位公差要求共有________处，其中 | ⊥ | 0.05 | A | 被测要素是________，基准要素是________，公差项目是________。

(6)零件上共有________个沉孔，其定位尺寸为________。

(7)图中标有 3×1 的结构为________，其中 3 表示________，1 表示________。

(8)该零件的技术要求有________、________。

(9)试画出法兰盘的右视图。

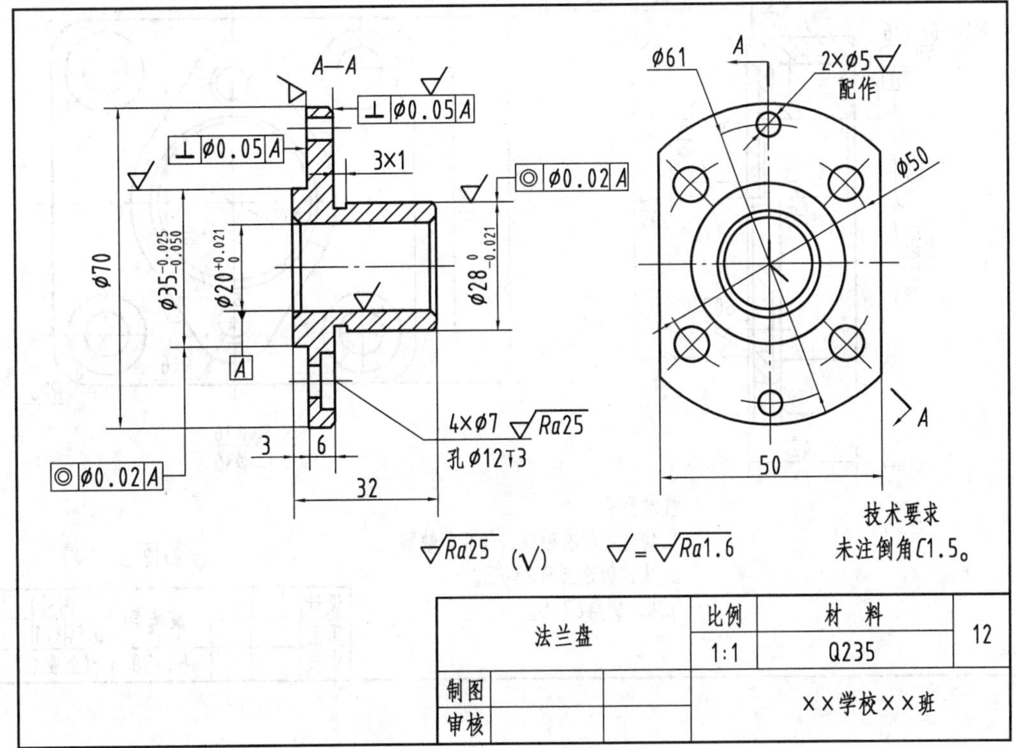

【课后兴趣作业】

识读零件图,并完成填空。

(1)该零件的名称是____________,材料____________,含义____________。

(2)该零件用________个视图表示,主视图是________。

(3)在图上用指引线指出零件的轴向和径向尺寸的主要基准。

(4)图中尺寸$\frac{4\times\phi16}{\sqcup\phi30}$表示________________________,沉孔的定位尺寸为________。

(5)尺寸 ϕ1660H7 中基本尺寸为________,H7 表示________,其中 H 为________,7 为________,查表确定其上偏差为________,下偏差为________,公差为________,尺寸的合格范围________。

(6)在该零件左端面的表面结构代号为________,右端面的表面结构代号为________,要求最不光洁表面结构的粗糙度值为________。

(7)零件有________个螺孔,螺孔的公称尺寸为________,螺孔深为________,孔深为________,定位尺寸为________。

(8)图中有________处几何公差代号,被测要素是________,基准要素是________,公差项目是________,公差值是________。

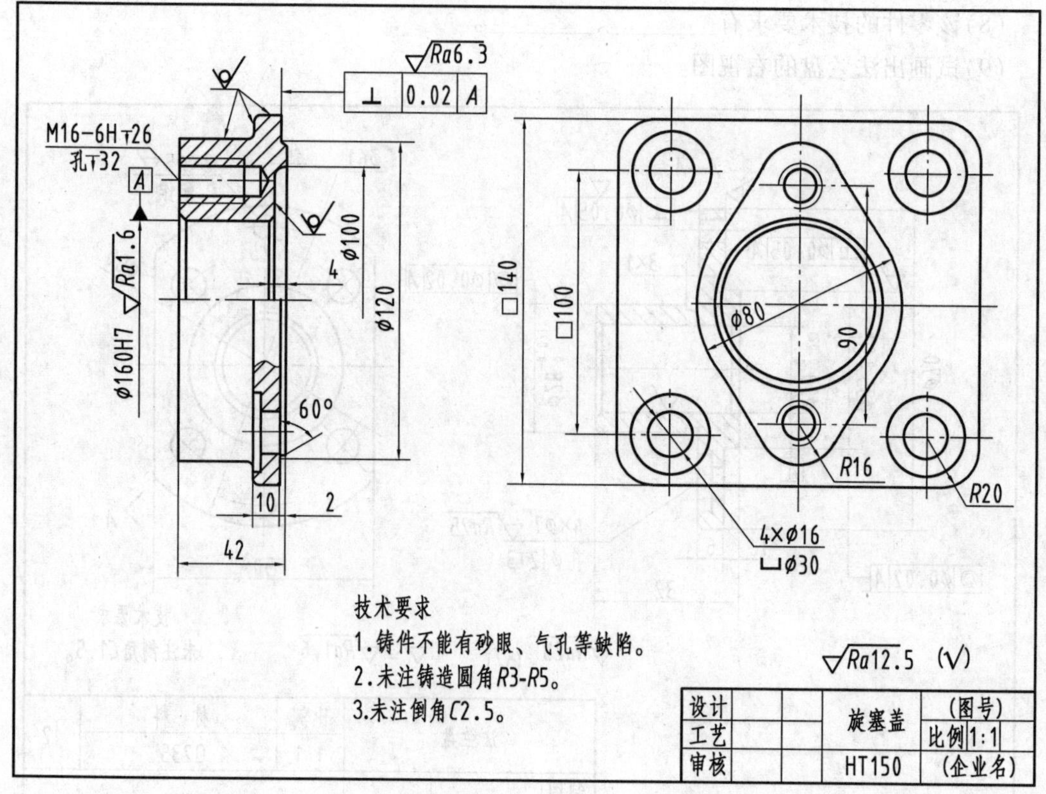

任务 19 绘制局部视图、斜视图

【学习目标】

1.能描述斜视图、局部视图的形成及其定义。

2.理解局部视图和斜视图的画法和标注方法。

3.会正确选用并绘制局部视图和斜视图。

【学习过程】

一、复习检测

1.简述基本视图的概念、名称，视图配置关系和投影规律。

2.简述向视图的定义和画法。

二、预习导学

1.将机件的某一部分向(　　)投影面投影所得的视图称为局部视图。

A.基本　　B.辅助　　C.倾斜　　D.正面

2.机件向不平行于基本投影面投影所得的视图称为(　　)。

A.基本视图　　B.向视图　　C.斜视图　　D.局部视图

3.画斜视图时,必须在视图的上方标出视图的名称“×”(“×”为大写的拉丁字母),在相应视图附近用箭头指明投影方向,并注上相同的(　　)。必要时,允许将旋转配置。

A.箭头　　B.数字　　C.字母　　D.汉字

4.局部视图与斜视图的共同点与区别分别是什么?

5.选择下面正确的局部视图。(　　)

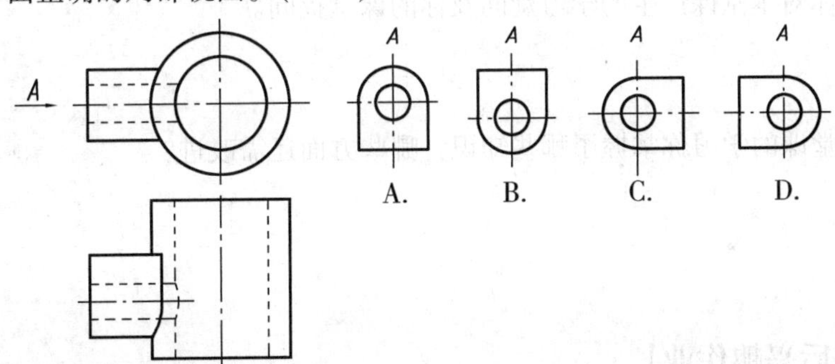

6.选择下面正确的斜视图。(　　)

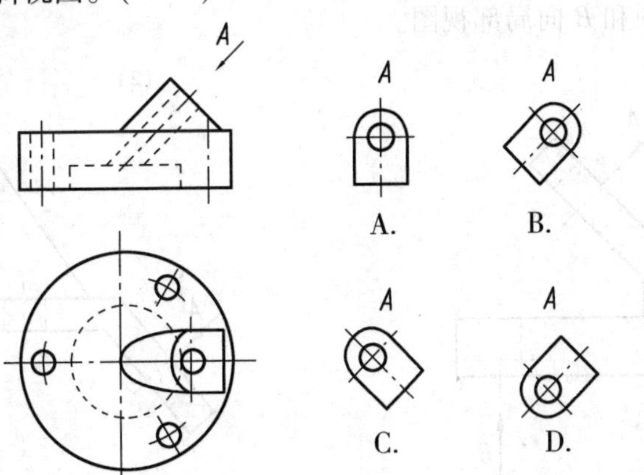

三、任务训练

作出指定位置的局部视图和斜视图。

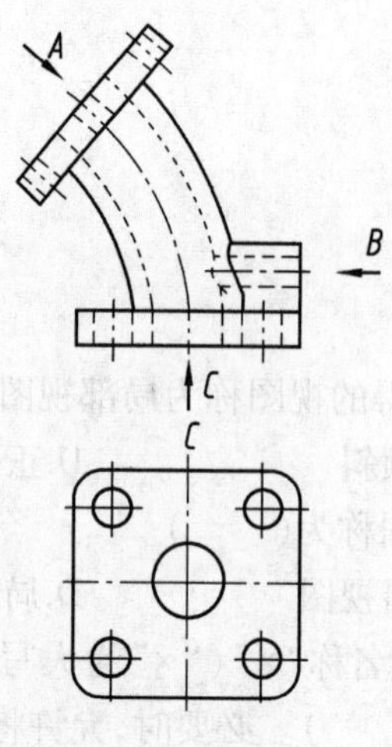

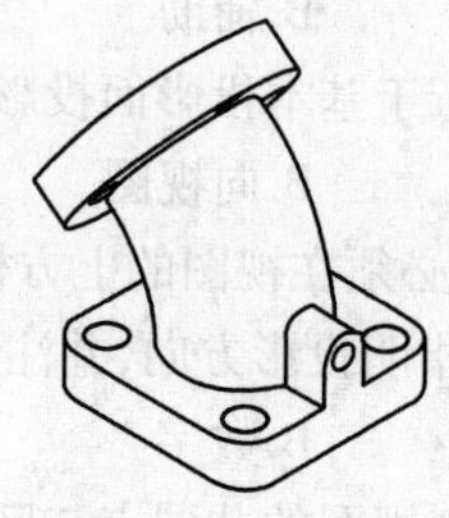

【学习反馈】

1.请写下你对本堂课产生的学习疑问及你的课堂提问。

2.通过本堂课的学习你掌握了哪些知识？哪些方面还需改进？

【课后兴趣作业】

画出 *A* 向斜视图和 *B* 向局部视图。

(1)

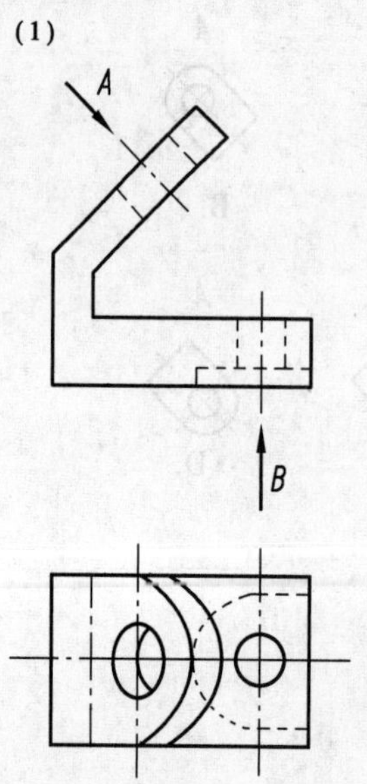

(2)

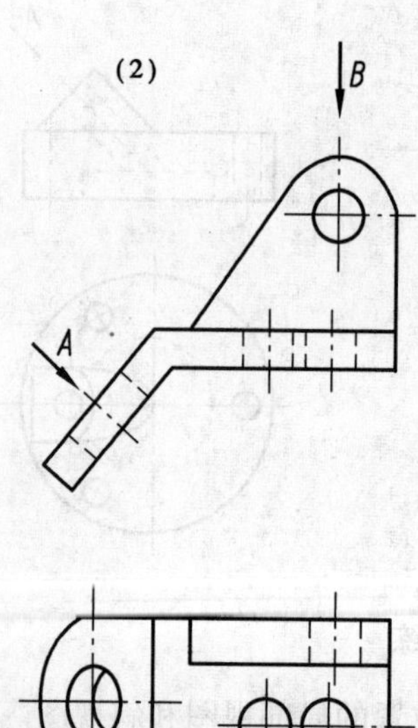

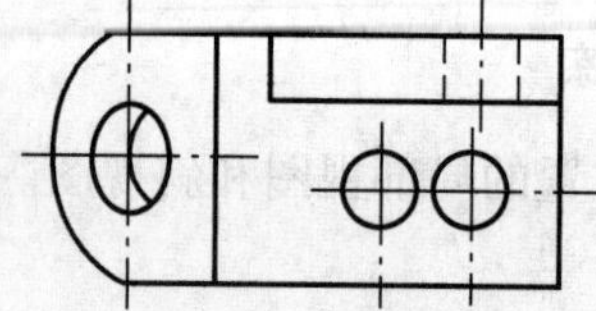

任务20　识读叉架类、箱体类零件图

【学习目标】

1.能描述斜剖视图的形成。

2.理解斜剖视图的画法和标注方法。

3.了解叉架类零件图和箱体类零件图的特点，并能识读简单叉架类零件图和箱体类零件图。

【学习过程】

一、复习检测

1.我们学过哪些机件的表达方法？

2.简述识读零件图的步骤。

二、预习导学

1.叉架类零件用来________、________、________；结构形状不规则且复杂，零件主要由________、________、________三部分组成。

2.箱体类零件是机器和部件的主体零件，用来________、________和固定其他零件；结构特征为空心壳体，其上常有轴孔、结合面、________、________、凹坑、加强肋等结构。

3.用不平行于任何基本投影面的剖切面剖开物体，这样的剖视法称为斜剖，所得到的剖视图称为(　　)。

A.全剖视图　　B.半剖视图　　C.局部剖视图　　D.斜剖视图

三、任务训练

1.用斜剖作 A—A 剖视图。

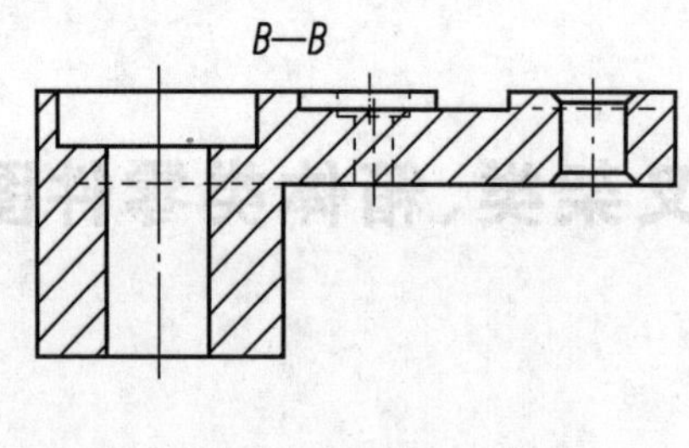

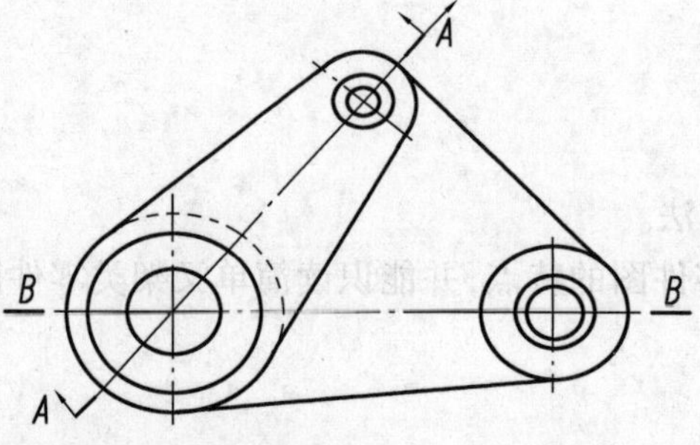

B—B
A
B
B
A

2.识读支架零件图并回答问题。

C2
两处
⊥ 0.04 A
Y
1
30°
15
6
60
Y
Z
ϕ30+0.033 0
A
ϕ60
A
ϕ8+0.015 0
Y
R10
14
10
ϕ70
13
60°
A
R15
100
技术要求
1.非加工面涂料。
2.未注倒角R2~R3。
Z = Ra6.3
Y = Ra1.6
(√)
支 架
比例
材 料
1:2
HT150
17
制图
审核
××学校××班

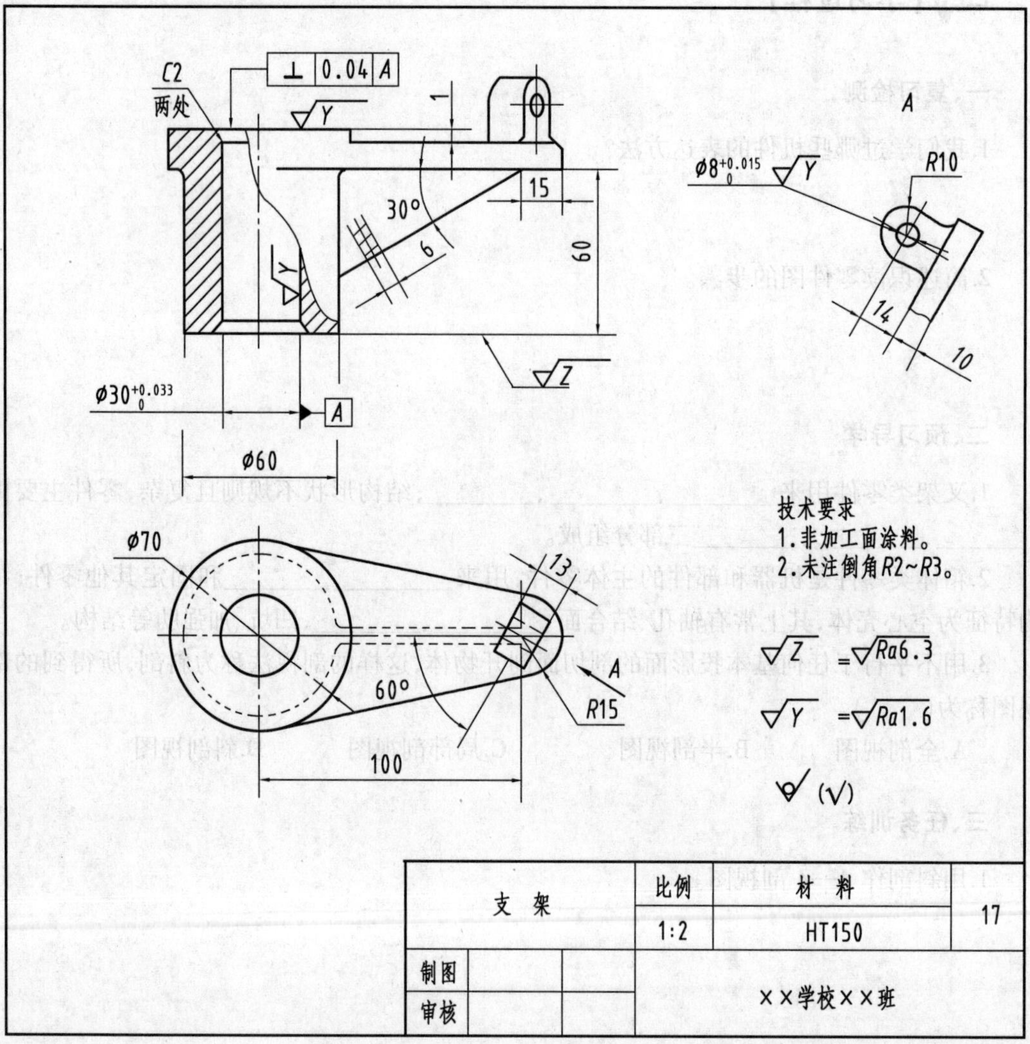

(1)零件的名称是________,材料是________,绘图比例为________,用途是________。

(2)支架零件图共用了________个视图,视图的名称分别是________,其中主视图中用了局部剖和________。

(3)支架的工作部分由两部分组成,一部分是带孔的圆柱,外圆直径为________和________,孔的直径为________,另一部分是拱门结构,处于倾斜位置,拱门结构的定位尺寸是________,定形尺寸是________;连接部分为T形结构,其厚度为________。

(4)支架零件中尺寸公差要求最高的是________,有形位公差的表面是________,表面粗糙度要求最高的数值是________,该零件有无其他技术要求:________。

(5)绘制其立体草图。

3.读底座零件图。

(1)底座零件图共用了________个视图,视图的名称分别是________、________、________、________、________。主视图采用________。

(2)图中共有________处过渡线。

(3)该零件表面粗糙度有________种要求,它们分别是________、________、________。

(4)写出定位尺寸________。

(5)绘制E向局部视图。

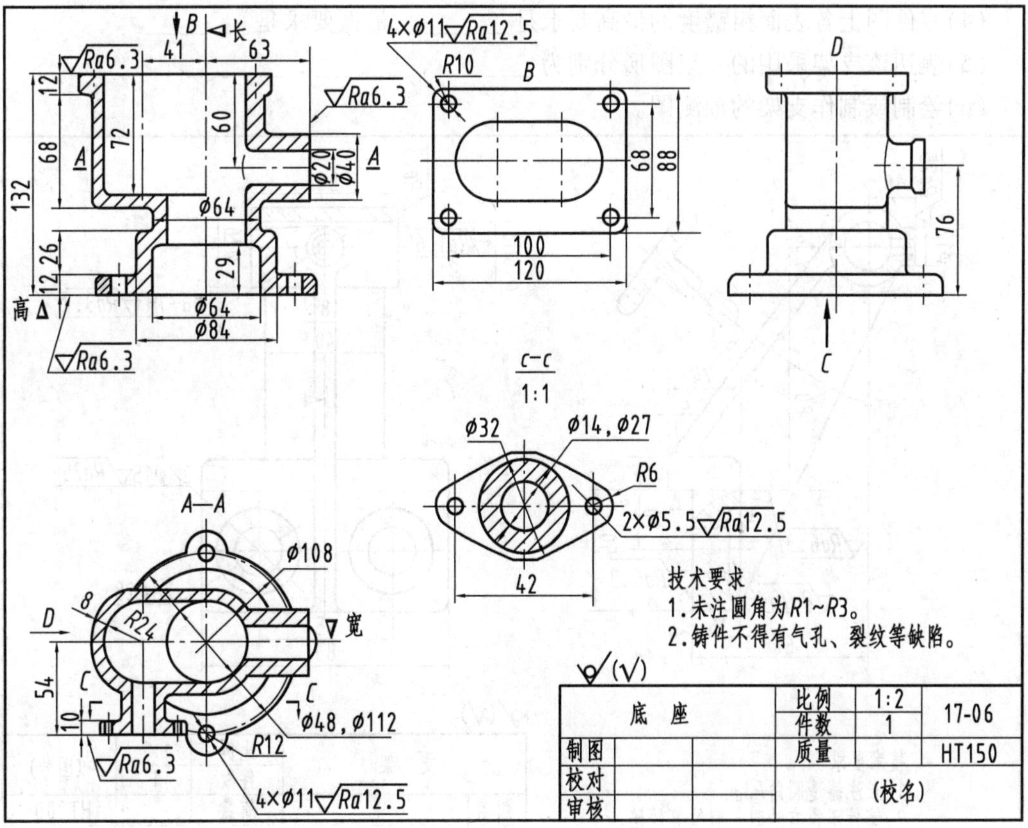

技术要求
1.未注圆角为R1~R3。
2.铸件不得有气孔、裂纹等缺陷。

√(√)

底　座			比例	1:2	17-06
			件数	1	
制图			质量		HT150
校对			(校名)		
审核					

【学习反馈】

1.请写下你对本堂课产生的学习疑问及你的课堂提问？

2.通过本堂课的学习你掌握了哪些知识？哪些方面还需改进？

【课后兴趣作业】

读支架零件图。

(1)分别用指引线和文字指出支架的长、宽、高三个方向的主要尺寸基准。

(2)零件上 2×ϕ15 孔的定位尺寸是________;________。

(3)M6-7H 螺纹的含义是________。

(4)零件图上各表面粗糙度的最高要求是________,最低要求是________。

(5)表达该支架采用的一组图形分别为________,________,________。

(6)绘制或制作支架的轴测图。

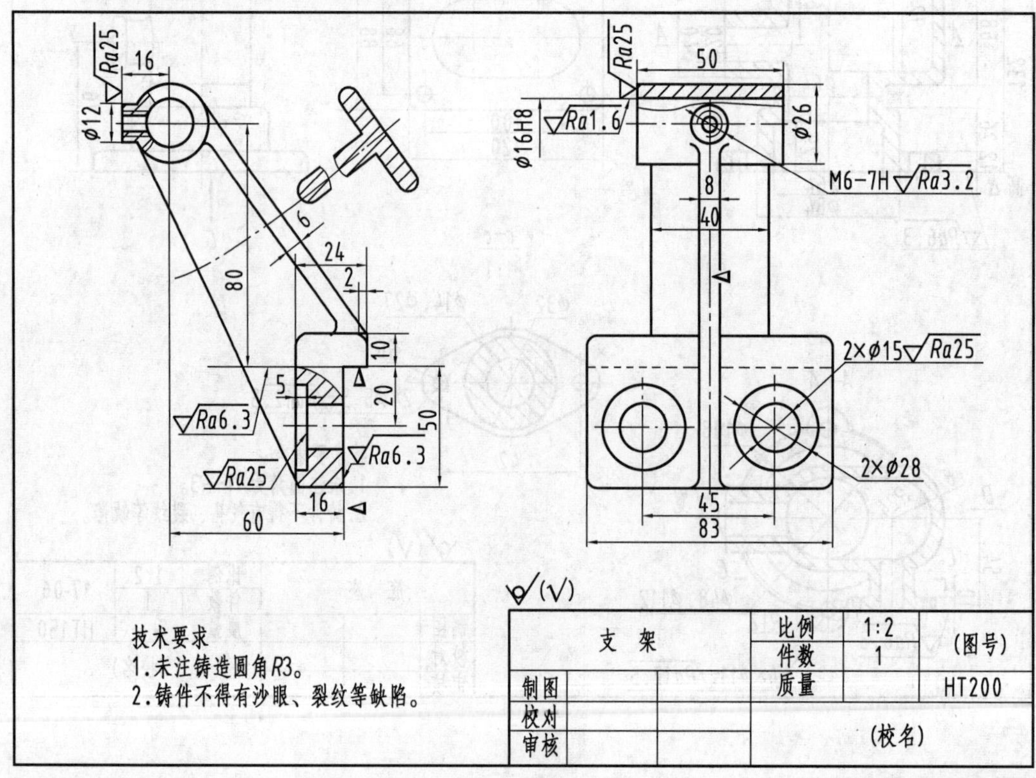

任务21　绘制螺栓连接图

【学习目标】

1.能描述常用螺纹紧固件的种类、用途及标记含义。

2.理解螺纹紧固件的查表方法及比例画法,螺纹紧固件连接图的规定画法。

3.会用比例画法绘制螺纹紧固件视图,掌握螺栓连接图画法。

4.能比较三种螺纹连接的联系和区别,并能正确识读三种螺纹紧固件连接图。

【学习过程】

一、复习检测

1.螺纹的基本要素有________、________、________、________、________。

2.螺纹的规定画法有________________________、________________________。

3.螺纹连接画法:只有当内、外螺纹的________相同时,内、外螺纹才能进行连接。用剖视图表示螺纹连接时,内、外螺纹的大、小直径应互相________。旋合部分按________的画法绘制,未旋合部分按各自原有的画法绘制。

4.螺纹的标记:说明下面标记的含义。

(1)M18×1-5g6g ________________;(2)Tr38×16(P8)-8H ________________;(3)Rc1-LH ________________。

二、预习导学

1.螺纹紧固件有________、________、________、________、________。

2.说明下面标记的含义。

(1)螺栓 GB/T 5782—2000 M12×80:________________________________

(2)螺母 GB/T 6170—2000 M12:________________________________

(3)垫圈 GB/T 97.1—1985 16—140HV:________________________________

(4)垫圈 GB/T 93—1987 20:________________________________

(5)螺柱 GB/T 898—1988 M20×50:________________________________

(6)螺钉 GB/T 65—2000 M10×40:________________________________

3.螺纹连接的形式有________________、________________、________________。

4.螺栓连接画法。

(1)在剖视图中,相邻两金属零件剖面线方向应________或者间距________。

(2)两相邻零件两接触表面画________;不接触表面画________。

(3)在螺纹连接的装配图中,当剖切平面通过螺纹紧固件轴线时,螺栓、螺柱、螺钉、螺母及垫圈等均按________绘制;被连接件的光孔直径应略大于螺栓大径,约为________;端部应超出约________;螺纹紧固件的工艺结构,如倒角、退刀槽等可________。

三、任务训练

1.查表填写下列各紧固件的尺寸。

(1)六角头螺栓:螺栓(GB/T 5782—2000)M16×65。

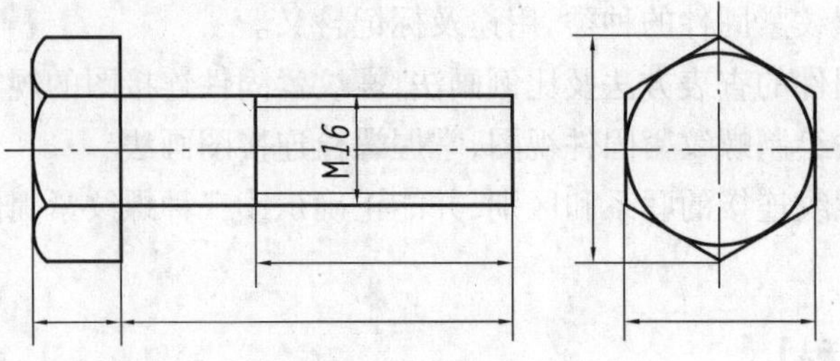

(2) Ⅰ型六角头螺母(GB/T 6170—2000)M12,A 级。

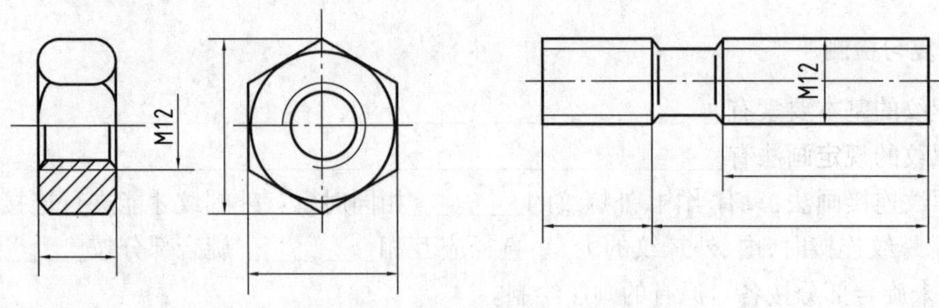

(3)双头螺柱(GB/T 899—2000)M12,公称长 50 mm,B 型。

(4)开槽沉头螺钉(GB/T 69—2000)M12,公称长 40 mm。

(5)平垫圈(GB/T 97.1—2000)10—140HV,A 级。

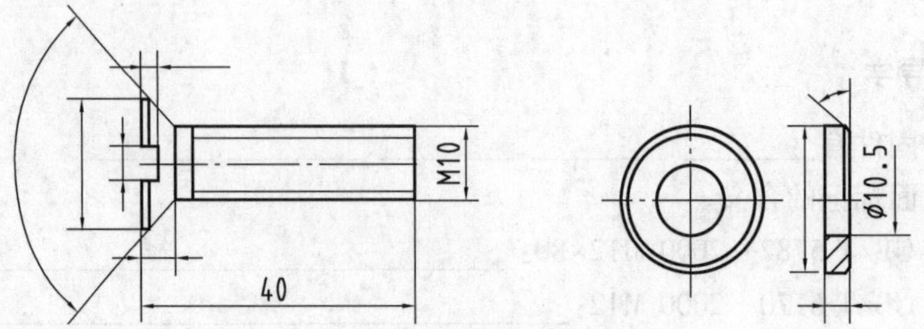

2.根据已知条件,在 A4 图纸按比例画法绘制螺栓连接图。

已知:两个被连接板长宽都为 50 mm;厚度:上 30 mm,下 22 mm。螺栓 M12(GB/T 5783—2000),螺母 M12(GB/T 6175—2000),垫圈 12(GB/T 97.1—1985)。

【学习反馈】

1.请写下你对本堂课产生的学习疑问及你的课堂提问。

2.通过本堂课的学习你掌握了哪些知识?

【课后兴趣作业】

检查下列螺柱连接画法中的错误,并在图纸上画出正确图样。

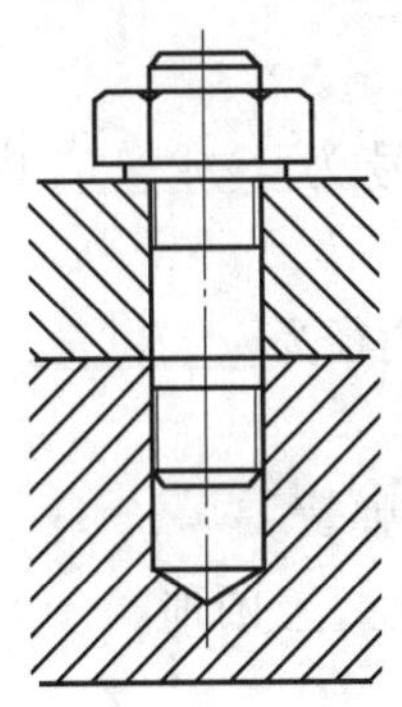

任务22 识读滚动轴承、弹簧

【学习目标】

1.能描述滚动轴承的种类、用途和规定画法,理解其标记含义。

2.能描述弹簧的种类、参数和规定画法。

3.会根据标记查表绘制三种常用轴承表达视图。

4.能正确识读弹簧零件图及其在装配图中的表达。

【学习过程】

一、复习检测

1.简述螺纹紧固件的标记含义及其连接图画法。

2.简述键、销的标记含义及其连接图画法。

二、预习导学

1.轴承的基本代号由________、________和________三部分组成。

2.轴承代号 6208 指该轴承类型为________，其尺寸系列代号为________，内径为________。

3.轴承代号 30205 是________轴承，其尺寸系列代号为________，内径为________。

4.弹簧在机械中主要用来________、________、储存能量和测力。

5.圆柱螺旋弹簧按承受载荷的不同分为________、________和扭力弹簧。

6.弹簧的参数是指________。弹簧的旋向可以分为________和________两种。

三、任务训练

1.已知阶梯轴两端支承轴肩的直径分别为 25 和 15，用 1∶1 画出支承处的滚动轴承。

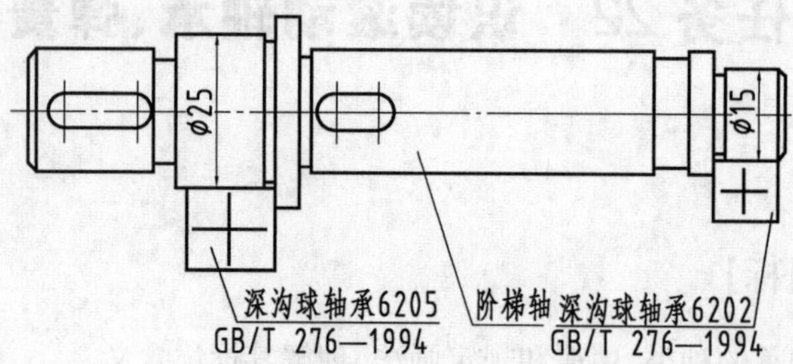

2.识读零件图并回答问题。

(1)零件的名称是________，材料是________，绘图比例是________，用途是________。

(2)零件图共用了________个视图，采用________。

(3)簧丝直径________，弹簧外径________，弹簧中径________，节距________，自由高度________，有效圈数________，旋向________。

(4)弹簧端面的表面粗糙度要求是________，该零件有无其他技术要求________。

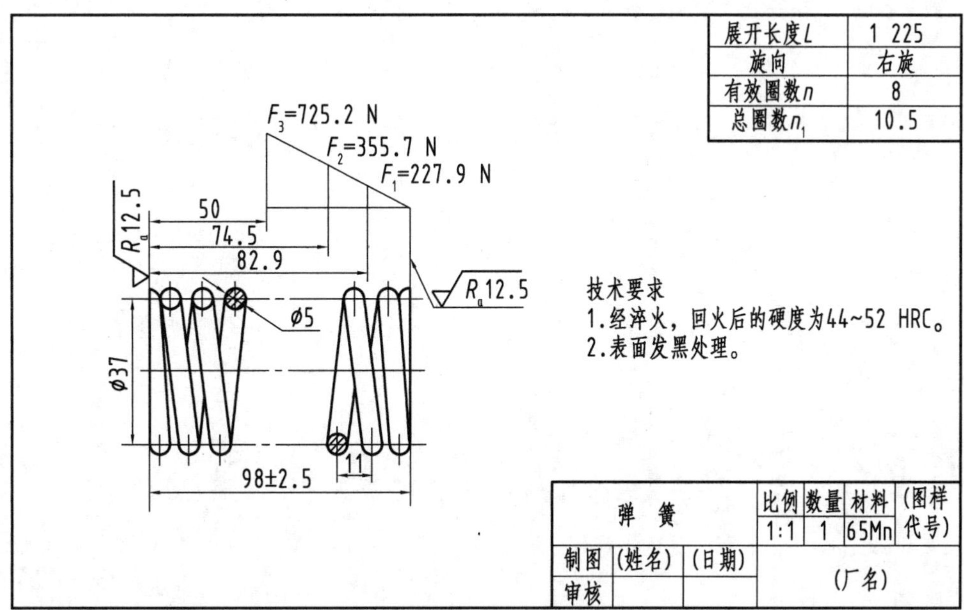

【学习反馈】

1.请写下你对本堂课产生的学习疑问及你的课堂提问。

2.通过本堂课的学习你掌握了哪些知识？哪些方面还需改进？

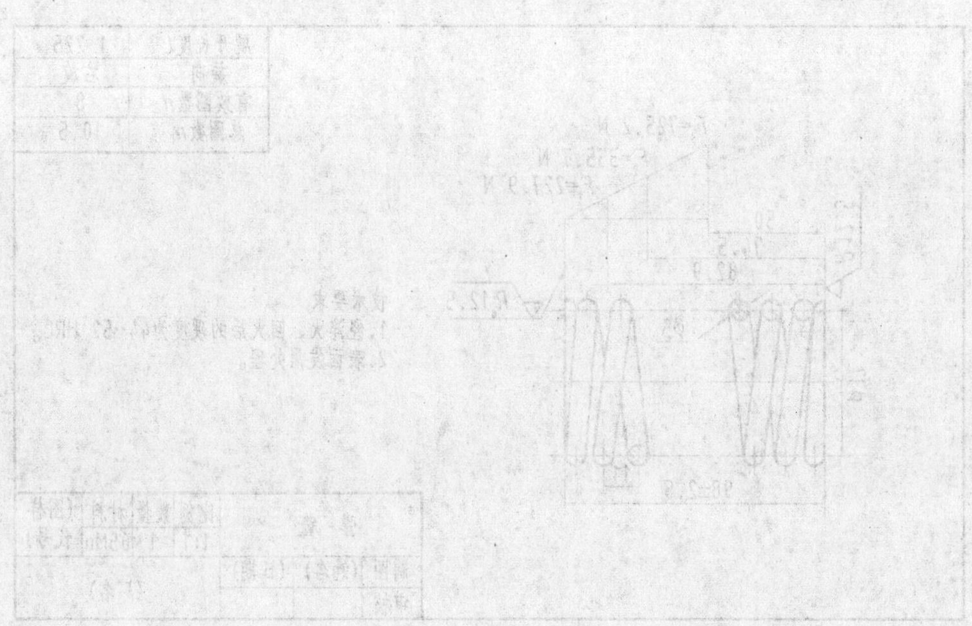

模块四

任务1　装配图

【学习目标】

1.能描述装配图的作用和内容。

2.理解装配图的规定画法和特殊画法。

3.会分析装配图的表达视图。

【学习过程】

一、复习检测

1.简述零件图的作用及内容。

2.简述零件图的表达方法。

二、预习导学

1.装配图用来表达机器(或部件)的________、________和零件间连接形式,用以指导机器(或部件)的________、________、________、安装、维修等。

2.装配图应包括以下内容:________,________,________,标题栏,________。

3.两相邻零件的接触面和配合面之间只画________;非接触面和非配合面,无论间隙大小均画出________,并留有间隙。

4.相邻的两个或多个金属零件,剖面线的画法应有________,或倾斜方向相反,或方向一致而间隔不等、相互错开。但同一零件各视图的剖面线方向、间隔必须________。

5.对于紧固件以及轴、键、销等实心零件,若按纵向剖切,且剖切平面通过其对称平面或轴线时,这些零件均按________绘制。

6.装配图中常采用的特殊表达方法有________、________、夸大画法________、________、________、________等。

7.装配图中所有零件、部件都必须________,相同的零件、部件用一个序号,一般只标注________。装配图中序号应按________或________方向排列整齐,并应按顺时针或逆时针方向顺次排列。

8.明细栏一般配置在装配图中标题栏的________，如标题栏上方位置不够时，可将明细栏的一部分放在主标题栏________。

三、任务训练

分析铣刀头的表达方法。

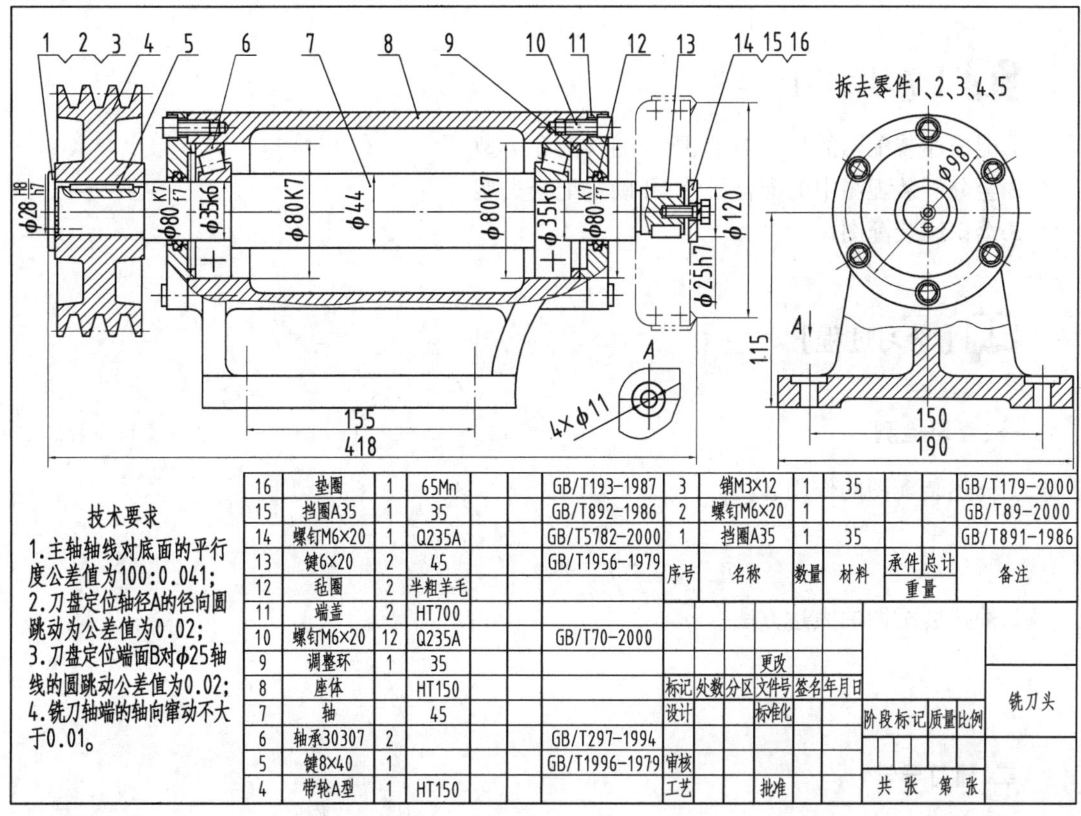

序号	名称	数量	材料	承件重量	总计重量	备注
16	垫圈	1	65Mn			GB/T193-1987
15	挡圈A35	1	35			GB/T892-1986
14	螺钉M6×20	1	Q235A			GB/T5782-2000
13	键6×20	2	45			GB/T1956-1979
12	毡圈	2	半粗羊毛			
11	端盖	2	HT700			
10	螺钉M6×20	12	Q235A			GB/T70-2000
9	调整环	1	35			
8	座体		HT150			
7	轴		45			
6	轴承30307	2				GB/T297-1994
5	键8×40	1				GB/T1996-1979
4	带轮A型	1	HT150			
3	销M3×12	1	35			GB/T179-2000
2	螺钉M6×20	1				GB/T89-2000
1	挡圈A35	1	35			GB/T891-1986

【学习反馈】

1.请写下你对本堂课产生的学习疑问及你的课堂提问。

2.通过本堂课的学习你掌握了哪些知识？哪些方面还需改进？

【课后兴趣作业】

分析装配图的表达方法。

任务 2　识读装配图尺寸

【学习目标】

1.能描述装配图的尺寸类型、配合的含义和类型。
2.会分析装配图中的配合尺寸,并确定配合类型。
3.会识读装配图尺寸。

【学习过程】

一、复习检测

1.简述装配图的作用、内容。

2.简述装配图的表达方法。

二、预习导学

1.装配图中的尺寸种类有________、________、________、________、________。
2.装配尺寸包括________________和________________。
3.基本尺寸相同,相互结合的孔和轴公差带之间的关系,称为(　　)关系。
A.雷同　　B.结合　　C.配合　　D.配套
4.配合的种类有间隙配合、过盈配合、(　　)三种。
A.标准配合　　B.适中配合　　C.过渡配合　　D.基本配合
5.配合代号写成分数形式,分子为(　　)。
A.孔公差带代号　B.轴公差带代号

三、任务训练

1.解释配合代号的含义。查表得出上、下偏差值后标注在零件上,然后填空。

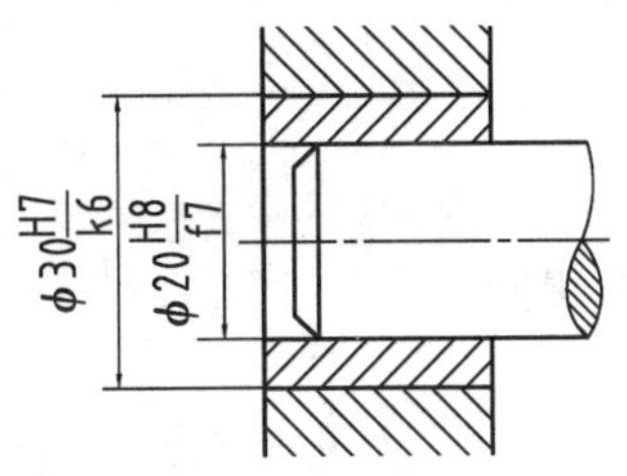

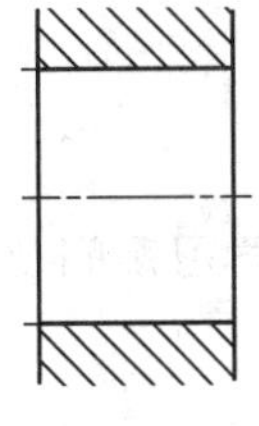

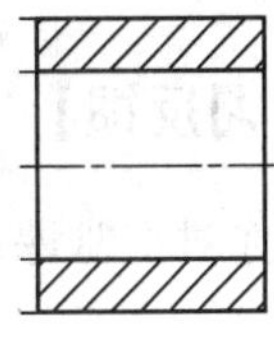

(1)轴套与泵体配合。

基本尺寸________,基________制。

公差等级:轴 IT ________级,孔 IT ________级,________配合。

轴套:上偏差________,下偏差________。

泵体孔:上偏差________,下偏差________。

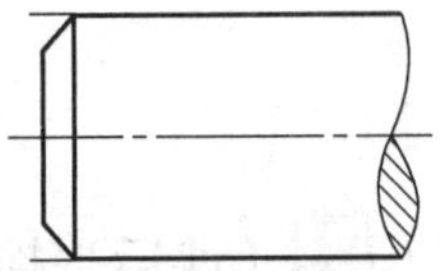

(2)轴套与轴配合。

基本尺寸________,基________制。

公差等级:轴 IT ________级,孔 IT ________级,________配合。

轴套孔:上偏差________,下偏差________。

轴:上偏差________,下偏差________。

2.分析滑动轴承的尺寸类型。

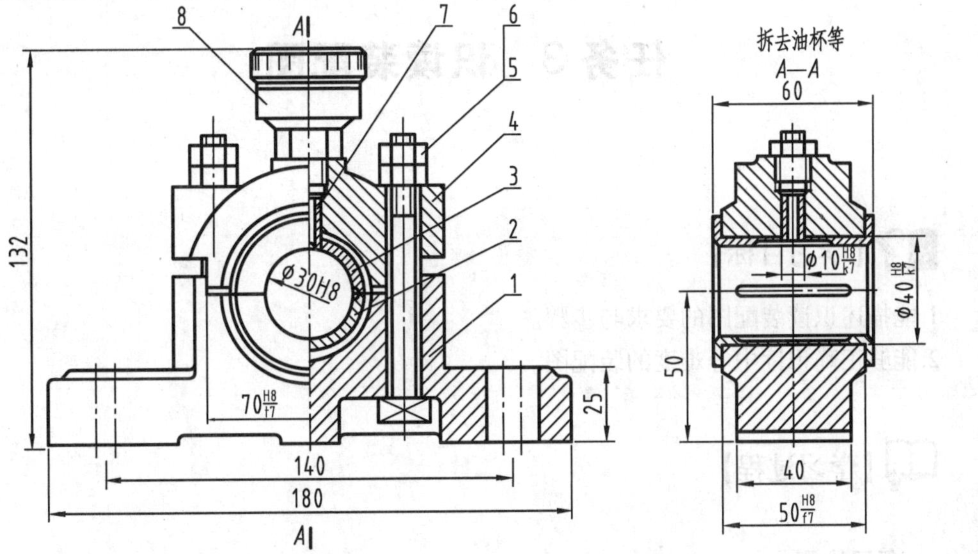

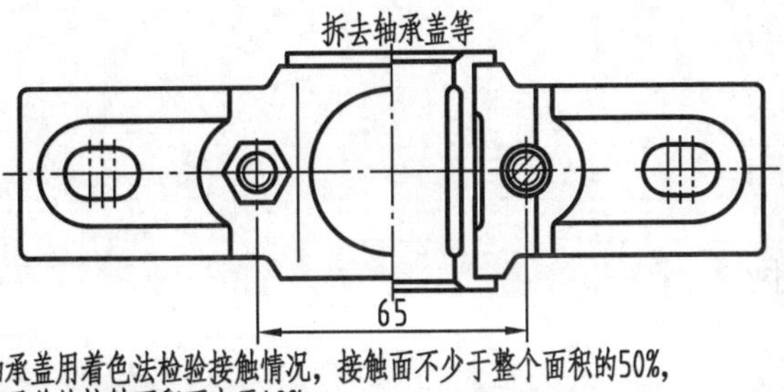

拆去油杯等

A—A

拆去轴承盖等

8	油　　杯	1	1	GB 1154—74
7	轴瓦固定套	1	A3	
6	螺　　母	4	A3	GB 41—86
5	方形螺柱	2	A3	GB 8—88
4	轴承盖	1	HT150	
3	上轴瓦	1	ZQSn6-6-3	
2	下轴瓦	1	ZQSn6-6-3	
1	轴承座	1	HT150	
序号	名称	件数	材料	备注

滑动轴承	比例	1:1	图号	
	材料		件数	
制图			(校名)	
审核				

技术要求

下轴瓦与轴承盖用着色法检验接触情况,接触面不少于整个面积的50%,上轴瓦与轴承盖的接触面积不少于40%。

【学习反馈】

1.请写下你对本堂课产生的学习疑问及你的课堂提问。

2.通过本堂课的学习你掌握了哪些知识？哪些方面还需改进？

【课后兴趣作业】

分析滑动轴承各配合代号的含义。查表得上、下偏差值并确定配合类型。

ϕ22H7/h6

任务3　识读装配图

【学习目标】

1.能描述识读装配图的要求与步骤。

2.能够正确识读中等难度的装配图。

【学习过程】

一、复习检测

1.装配图有哪些规定画法？

2.装配图一般要标注哪几类尺寸？

3.简述识读装配图的步骤。

二、预习导学

1.读装配图的要求:看懂部件的________、________和________,零件之间的________、________、零件的结构形状。

2.识读装配图的一般方法和步骤。

(1)齿轮油泵由________零件装配;其中有________标准件,是安装在油路中的一种________。

(2)齿轮油泵采用________基本视图表达。主视图采用________,反映了组成齿轮油泵的各个零件间的装配关系。左视图采用了沿________与________结合面处的剖切画法的________,又在吸、压油口处画出了________,清楚地表达了齿轮油泵的外形和齿轮的啮合情况。

(3)传动齿轮 12 要通过________带动传动齿轮轴 3 转动,它们之间的配合尺寸是________;齿轮轴 2 和传动齿轮轴 3 与左、右端盖的配合尺寸是________;衬套 10 与右端盖 8 的孔配合尺寸是________;齿轮轴 2 和传动齿轮轴 3 的齿顶圆与泵体 7 内腔的配合尺寸是________。将齿轮轴 2、传动齿轮轴 3 装入泵体后,两侧有________支承这一对齿轮轴的旋转运动。由________将左、右端盖定位后,再用________将左、右端盖与泵体连接。为了防止泵体与端盖的结合面处和传动齿轮轴 3 伸出端漏油,分别用垫片 6 和________、衬套 10、________密封。

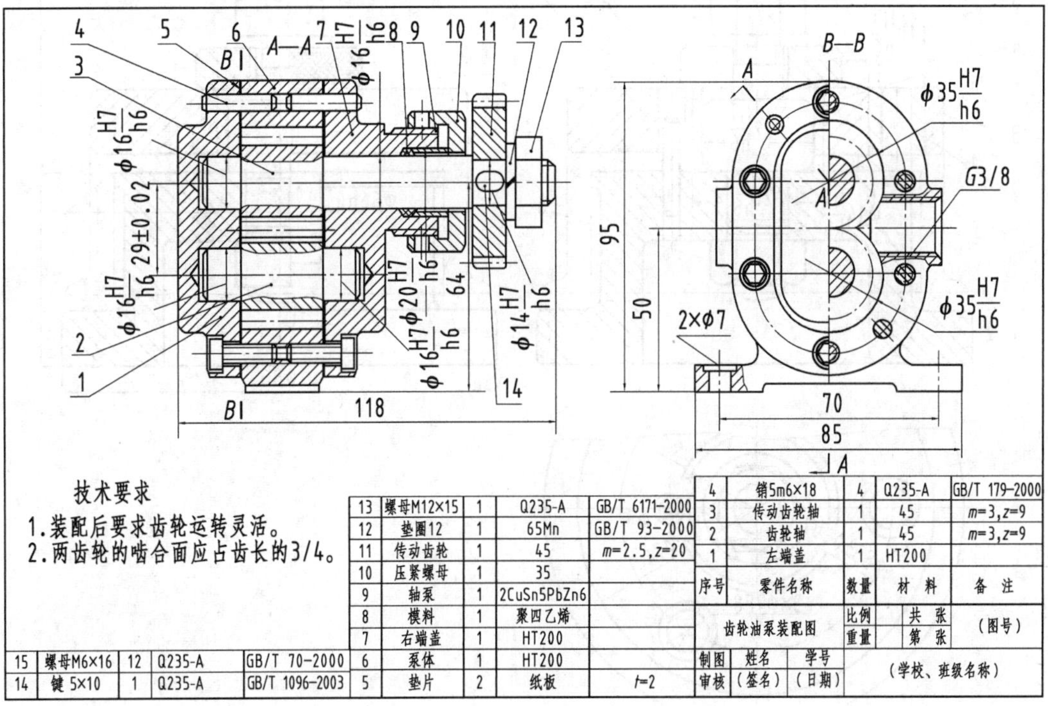

技术要求

1.装配后要求齿轮运转灵活。

2.两齿轮的啮合面应占齿长的3/4。

序号	零件名称	数量	材料	备注
15	螺母M6×16	12	Q235-A	GB/T 70—2000
14	键 5×10	1	Q235-A	GB/T 1096—2003
13	螺母M12×15	1	Q235-A	GB/T 6171—2000
12	垫圈12	1	65Mn	GB/T 93—2000
11	传动齿轮	1	45	$m=2.5, z=20$
10	压紧螺母	1	35	
9	轴泵	1	2CuSn5PbZn6	
8	模料	1	聚四乙烯	
7	右端盖	1	HT200	
6	泵体	1	HT200	
5	垫片	2	纸板	$t=2$
4	销5m6×18	4	Q235-A	GB/T 179—2000
3	传动齿轮轴	1	45	$m=3, z=9$
2	齿轮轴	1	45	$m=3, z=9$
1	左端盖	1	HT200	

齿轮油泵装配图		比例		共 张	(图号)
		重量		第 张	
制图	姓名	学号	(学校、班级名称)		
审核	(签名)	(日期)			

(4)泵体 7 的外形形状为________,中间加工成________通孔,用以安装齿轮轴 2 和传动齿轮轴 3;四周加工有 2 个________和 6 个________。

左端盖 4 的外形形状为________,四周加工有 2 个________和 6 个________。

(5)尺寸 27±0.016 是________和________的中心距,传动齿轮轴线离泵体安装面的高度尺寸________。吸、压油口的尺寸 Rp3/8 表示尺寸代号为 3/8 的________螺纹。两个螺栓之间的尺寸 70 表示齿轮油泵与机器连接时的________。

三、任务训练

阅读钻模装配图并完成读图要求。

(1)钻模由________种零件组成。

(2)主视图采用________图,俯视图采用________视图,左视图采用________图。

(3)件 1 底座侧面弧形槽的作用是________,共有________个槽。

(4)ϕ22H7/h6 是件________与件________的________尺寸。件 4 的公差代号为________,件 8 的公差代号为________。

(5)ϕ26H7/h6 表示件________与件________是________制________配合。

(6)ϕ66h6 是________尺寸,ϕ86、73 是________尺寸。

(7)件 4 与件 1 是________配合,件 3 与件 2 是________配合。

(8)被加工采用________画法表示。

(9)拆卸工件时应先旋松________号件,再取下________号件,然后取下钻板模,最后取出被加工的零件。

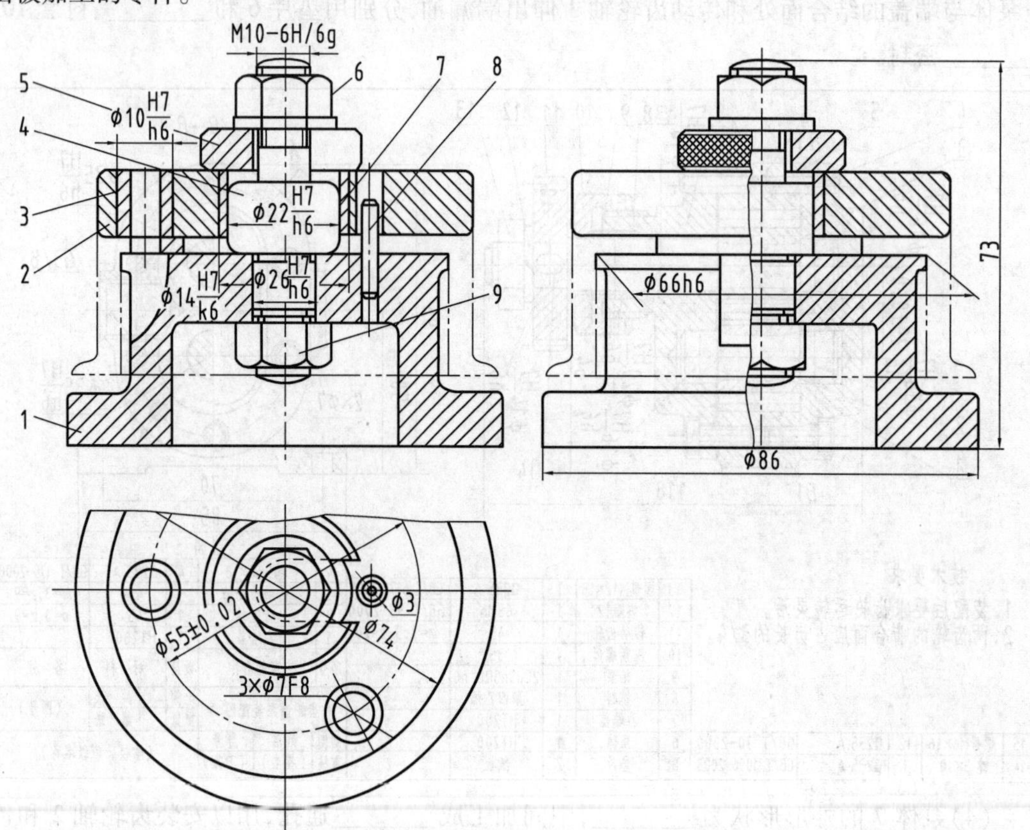

【学习反馈】

1.请写下你对本堂课产生的学习疑问及你的课堂提问。

2.通过本堂课的学习你掌握了哪些知识？哪些方面还需改进？

【课后兴趣作业】

1.拆画齿轮泵齿轮 11 的表达方案。

2.拆画钻模零件 2 的表达方案。

任务4　识读第三角画法视图

【学习目标】

1.正确理解第三角投影体系,理解第三角画法和第一角画法的区别。
2.掌握第三角画法的基本视图画法。
3.能在第三角投影体系内正确绘制视图。

【学习过程】

一、复习检测

1.第一角画法的三视图是指哪三视图?

2.简述第一角画法视图的投影规律。

二、预习导学

1.第一角画法:______—______—______第三角画法:________—________—________。
2.第三角画法所得的基本视图仍然满足“________、________、________”的投影规律。
3.写出识别符号的画法名称。

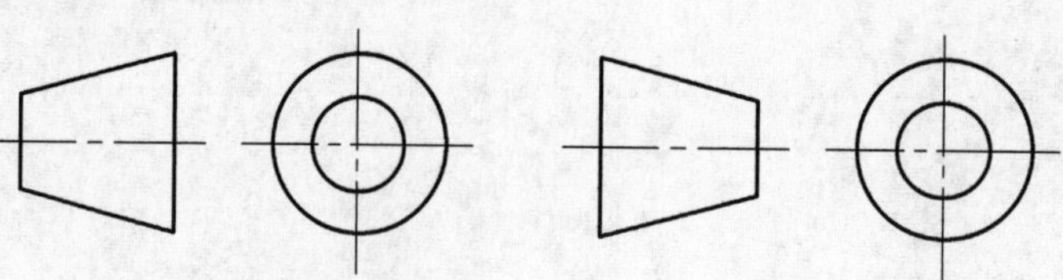

4.书写出第三角画法的6个基本视图名称。

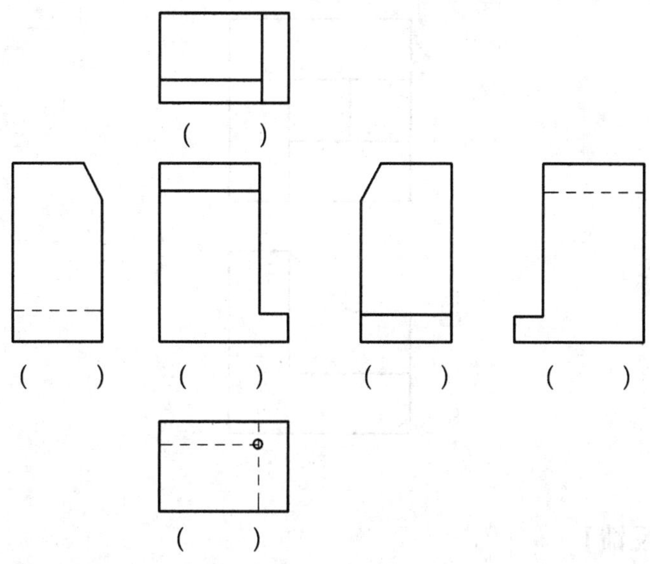

三、任务训练

1.请将第一角画法转化成第三角画法。

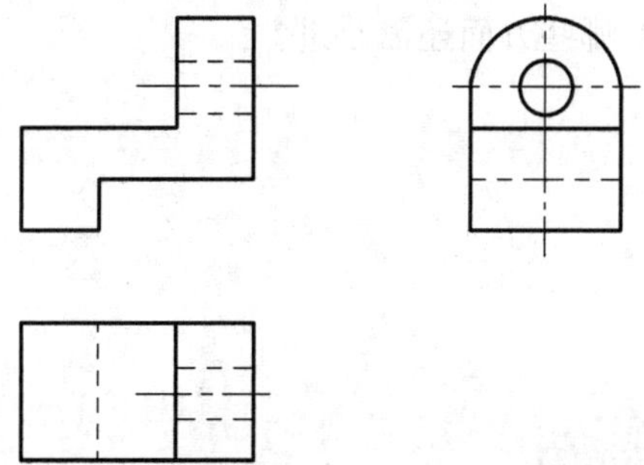

2.请在A4图纸上绘制机件第三角画法的6个基本视图。

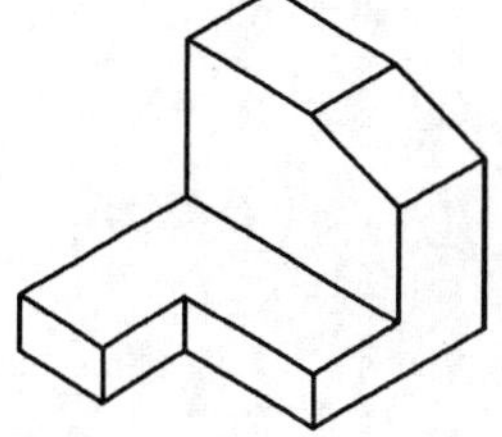

3.已知形体的主视图和俯视图,想象物体的形状,补画物体的右视图。

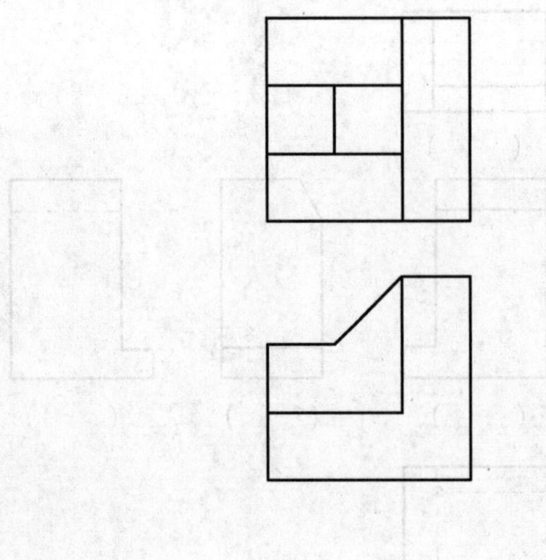

【学习反馈】

1.请写下你对本堂课产生的学习疑问及你的课堂提问。

2.通过本堂课的学习你掌握了哪些知识？哪些方面还需改进？

【课后兴趣作业】

请补画第三角画法视图的缺漏线。